U0204386

中华传统食材丛书

总主编 魏兆军 陈寿宏

软体动物卷

主编 陈迎春 陈寿宏

编委 冯俊 张芮 魏庆军

合肥工业大学出版社

总序

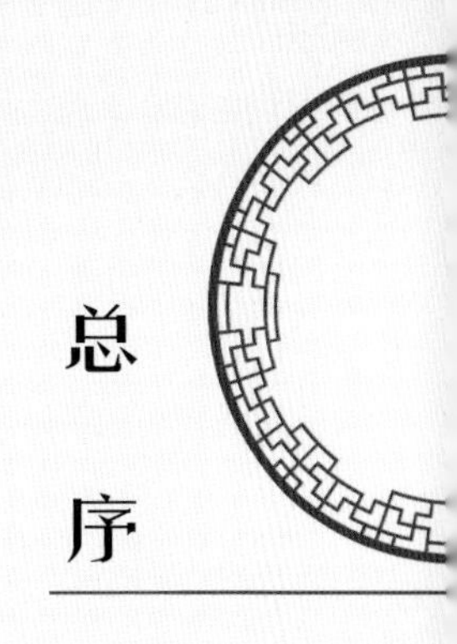

健康是促进人类全面发展的必然要求，《“健康中国2030”规划纲要》中提出，实现国民健康长寿，是国家富强、民族振兴的重要标志，也是全国各族人民的共同愿望。世界卫生组织（WHO）评估表明膳食营养因素对健康的作用大于医疗因素。“民以食为天”，当前，为了满足人民日益增长的美好生活的需求，对食品的美味、营养、健康、方便提出了更高的要求。

中国传统饮食文化博大精深。从上古时期的充饥果腹，到如今的五味调和；从简单的填塞入口，到复杂的品味尝鲜；从简陋的捧土为皿，到精美的餐具食器；从烟火街巷的夜市小吃，到钟鸣鼎食的珍馐奇馔；从“下火上水即为烹饪”，到“拌、腌、卤、炒、熘、烧、焖、蒸、烤、煎、炸、炖、煮、煲、烩”十五种技法以及“鲁、川、粤、徽、浙、闽、苏、湘”八大菜系的选材、配方和技艺，在浩渺的时空中穿梭、演变、再生，形成了绵长而丰富的中华传统饮食文化。中华传统食品既要传承又要创新，在传承的基础上创新，在创新的基础上发展，实现未来食品的多元化和可持续发展。

中华传统饮食文化体现了“大食物观”的核心——食材多元化，肉、蛋、禽、奶、鱼、菜、果、菌、茶等是食物；酒也是食物。中国人讲究“靠山吃山、靠海吃海”，这不仅是一种因地制宜的变通，更是顺应自然的中国式生存之道。中华大地幅员辽阔、地大物博，拥有世界上最多样的地理环境，高原、山林、湖泊、海岸，这种巨大的地理跨度形成了丰富的物种库，潜在食物资源位居世界前列。

“中华传统食材丛书”定位科普性，注重中华传统食材的科学性和文化性。丛书共分为30卷，分别为《药食同源卷》《主粮卷》《杂粮卷》《油脂卷》《蔬菜卷》《野菜卷（上册）》《野菜卷（下册）》《瓜茄卷》《豆荚芽菜卷》《籽实卷》《热带水果卷》《温寒带水果卷》《野果卷》《干坚果卷》《菌藻卷》《参草卷》《滋补卷》《花卉卷》《蛋乳卷》《海洋鱼卷》《淡水鱼卷》《虾蟹卷》《软体动物卷》《昆虫卷》《家禽卷》《家畜卷》《茶叶卷》《酒品卷》《调味品卷》《传统食品添加剂卷》。丛书共收录了食材类目944种，历代食材相关诗歌、谚语、民谣900多首，传说故事或延伸阅读900余则，相关图片近3000幅。丛书的编者团队汇聚了来自食品科学、营养学、中药学、动物学、植物学、农学、文学等多个学科的学者专家。每种食材从物种本源、营养及成分、食材功能、烹饪与加工、食用注意、传说故事或延伸阅读等诸多方面进行介绍。编者团队耗时多年，参阅大量经、史、医书、药典、农书、文学作品等，记录了大量尚未见经传、流散于民间的诗歌、谚语、歌谣、楹联、传说故事等。丛书在文献资料整理、文化创作等方面具有高度的创新性、思想性和学术性，并具有重要的社会价值、文化价值、科学价

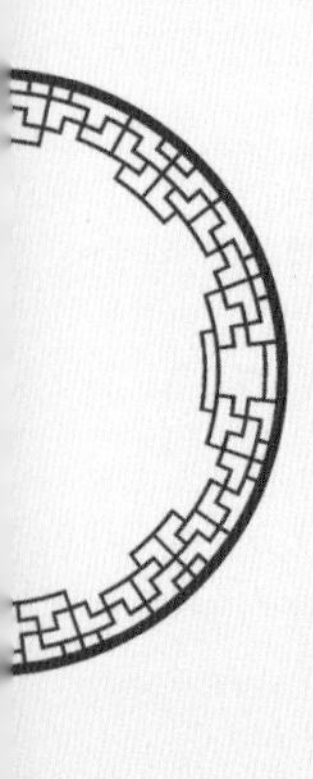

值和出版价值。

对中华传统食材的传承和创新是该丛书的重要特点。一方面，丛书对中国传统食材及文化进行了系统、全面、细致的收集、总结和宣传；另一方面，在传承的基础上，注重食材的营养、加工等方面的科学知识的宣传。相信“中华传统食材丛书”的出版发行，将对实现“健康中国”的战略目标具有重要的推动作用；为实现“大食物观”的多元化食材和扩展食物来源提供参考；同时，也必将进一步坚定中华民族的文化自信，推动社会主义文化的繁荣兴盛。

人间烟火气，最抚凡人心。开卷有益，让米面粮油、畜禽肉蛋、陆海水产、蔬菜瓜果、花卉菌藻携豆乳、茶酒醋调等中华传统食材一起来保障人民的健康！

中国工程院院士

2022年8月

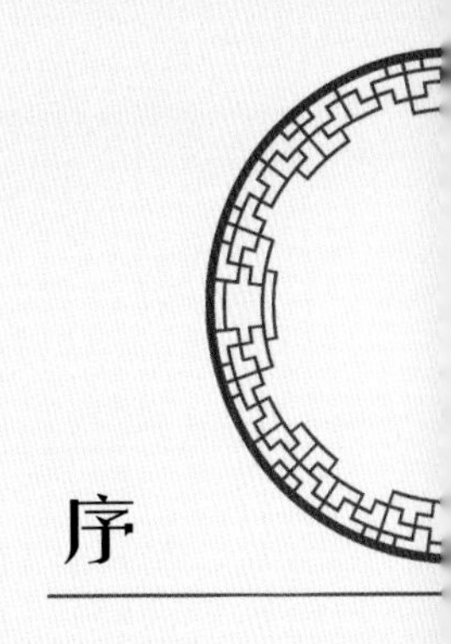

序

“泊水沉沙族类丰，外缄顽壳力难攻。虽云眉目亏天巧，谁使琼瑶美内充。海畔屡曾逢野士，坐间那复识王融。一樽风味思倾倒，赖有芳鲜可荐公。”诗出北宋两浙、江西、湖南抚谕使李正民《食蛤蜊》。诗中将以蛤蜊为代表的软体动物家族的生活环境、生长形态、食之美味全都跃然纸上。

据考，远古时期，人们在以觅食为生的年代，并无专门的药物。后来，人们才逐渐发现，食物在可食的同时还具有防病、治病的作用，于是自觉或不自觉地将部分食物（含软体动物）用于防治某些疾病。可以这样推测，最早的药物应该就是产生于食物之中，自此出现了“药食同源”之说。食物是人类赖以生存的最基本的物质，食品的种类和品质如何，同人类的健康与繁衍有着最密切的关系。因此，利用日常饮食防治疾病的传统源远流长，且从古至今积累了丰富的经验。例如，《肘后备急方》中用海螺加黄连汁治多年的头痛，如《斋百一选方》中以珍珠粉纳入田螺中治眼病，《太平圣惠方》中用蛤蜊粉与麻根治小便不通，《急救良方》中用蚬肉治痰喘咳嗽，还有《普济方》中用田螺连壳带肉捣碎治疔毒，等等，这些都是先人给我们后代留下的无价遗产和珍贵宝藏。

在食物营养科学的基础上，为挖掘、传承、创新前人给我们留下的宝贵遗产，也为提高广大人民群众生活的质量，使其保持健康体魄，以适应当今社会快节奏的生活方式，我们组织编写了“中华传统食材”《软体动物卷》。本书按同纲、同科的类目排列在一起的原则，列出了27种传统食用的软体动物，并对其物种本源、营养成分、食材功能、烹饪与加工、食用注意及传说故事逐一加以叙述。本书深入浅出、图文并茂、贴近生活、通俗易懂，融理论与实践为一体，读者看得懂，学得会，用得上。

在此需要说明的是，《软体动物卷》中提到部分品种在功效上有不同的结论，这是一些研究机构和专家学者的研究角度不同所致。读者可以根据自身的习惯和生活特点，有选择地加以利用。并且，本书所涉及的所有类目特指人工养殖的食材。

在《软体动物卷》编写过程中，我们广泛参考、汲取了古今中外的相关经典著作、文献资料及研究成果的部分精华内容，在此，谨向原著作者和前辈深致谢意。

江南大学夏文水教授审阅了本书，并提出宝贵的修改意见，在此表示衷心的感谢。

由于编者水平有限，书中难免有疏漏和谬误，敬请广大读者批评指正。

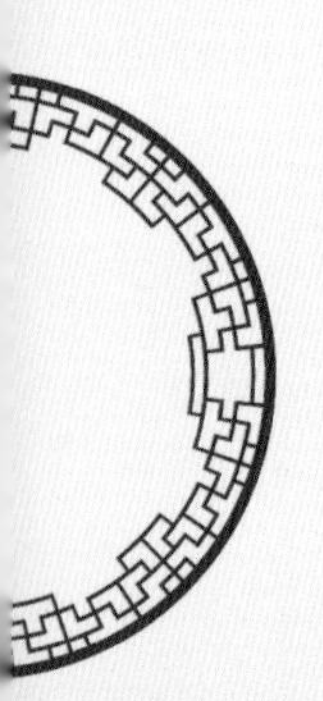

编 者

2022年7月

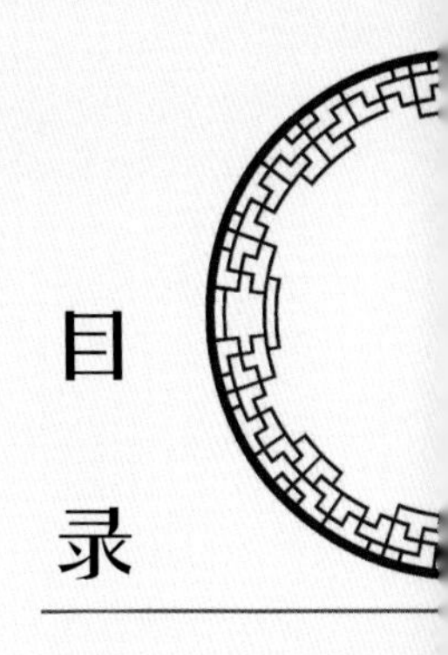

目录

蜗牛

游宦京都二十春，贫中无处可安贫。
长羡蜗牛犹有舍，不如硕鼠解藏身。
且求容立锥头地，免似漂流木偶人。
但道吾庐心便足，敢辞湫隘与嚣尘。

——《卜居》（唐）白居易

一、物种本源

拉丁文名称，种属名

蜗牛是指腹足纲柄眼目蜗牛科、大蜗牛科动物的通称。目前，我国养殖有食用价值的约有11种，如江西巴蜗牛（*Bradybaena kiangsinensis*）、马氏巴蜗牛（*Bradybaena maacki*）等。

形态特征

蜗牛的整个躯体包括眼、口、足、壳、触角等部分，身背螺旋形的贝壳，其形状、颜色、大小不一，它们的贝壳有宝塔形、陀螺形、圆锥形、球形、烟斗形等。头部显著，具有触角2对，较大的1对触角顶端有眼。头的腹面有口，口内具有齿舌，可用于刮取食物。

习性，生长环境

蜗牛喜欢在阴暗潮湿、疏松多腐殖质的环境中生活，昼伏夜出，最怕阳光直射，对环境反应敏感。蜗牛喜欢钻入疏松的腐殖土中栖息、产卵、调节体内湿度和吸取部分养料，时间可长达12小时之久。杂食性和偏食性并存。

世界各地有蜗牛约4万种，在我国各省区都有蜗牛分布，它们大多生活在森林、灌木、果园、菜园、农田、公园、庭院、高山、平地、丘陵等阴暗潮湿地区。蜗牛主要以植物茎叶、花果及根为食，是农业害虫之一，也是家畜、家禽的某些寄生虫的中间宿主。

二、营养及成分

测定结果显示，蜗牛肉中含有维生素A、维生素B等多种维生素，钙、铁、锌、铜、钾、镁等矿物质和必需氨基酸、蜗牛素等，深受国内

外食客的喜爱。每100克蜗牛部分营养成分见下表所列。

蛋白质	11.5克
碳水化合物	4.4克
灰分	3.5克
脂肪	0.5克

三、食材功能

性味 味甘，性微温。

归经 归胃，大、小肠经。

功能

（1）蜗牛具有清热利水的功效，食用蜗牛肉对于腮腺炎、小便不畅、咽炎等疾患有促进康复之效。

（2）蜗牛中含丰富的蛋白质、各种维生素和蜗牛素等物质，食用蜗牛肉对于热淋、糖尿病等疾病有促进康复的功效。

（3）蜗牛具有清热、消肿之效，还可预防高血压、高血脂等疾病。尤其值得一提的是，它对促进乙肝转阴有一定的作用，并具有养生、健体的调节功效。

四、烹饪与加工

铁板蜗牛

（1）材料：蜗牛（养殖）、青椒、红椒、干辣椒、花椒、牛肉酱、辣鲜露、姜葱水、盐、味精、鲜汤、食用油、花椒油、香油等。

（2）做法：蜗牛逐一取净肉，放入姜葱水中泡30分钟；沥水后入锅，加牛肉酱、辣鲜露、盐、味精和适量的鲜汤，煨入味再捞出来待用。净锅放食用油；先下干辣椒节和花椒炝香，倒入青椒、红椒节稍炒几下，再放蜗牛肉并加少许的盐；出锅前淋花椒油和香油，炒匀即可盛在烧热的铁盘内上桌。

铁板蜗牛

盐焗蜗牛

（1）材料：蜗牛（养殖）、海盐、椒盐、葱、姜等。

（2）做法：蜗牛取净肉，加切好的姜片和葱节腌味；然后送入上火为180℃、下火160℃的烤箱，烤5分钟至熟便取出；再加椒盐料一起拌匀。把蜗牛壳洗净，逐个插在炒热的海盐上面；然后把蜗牛肉放回壳内，点缀即成。

药用蜗牛的加工

蜗牛（养殖）洗净→清水煮沸→蜗牛放入沸水中煮熟→晒干备用。以蜗牛整体干燥、完整无破损、干净、无泥土者为好。

五、食用注意

（1）蜗牛肉对于肠胃消化能力不好、体虚、咽喉肿痛、小儿腮腺炎等患者来说尤佳，但每次食用量应控制在30～70克为佳。

（2）由于蜗牛性凉，患有腹泻或有脾胃虚寒症状的人不宜食用。

蜗牛搬家

蜗牛住在水池边的石缝里，周围没有花没有草，光秃秃的，连个遮挡也没有，每天都饱受风吹日晒之苦。

一天，蜻蜓和蚂蚁来看蜗牛。蜻蜓说："前边小土冈子上是个好地方，那儿有密密的树林，有鲜花，还有野果，林中还有一条清澈的小河……可好了！"

蚂蚁说："我们和蜜蜂、蝴蝶、青蛙、蚯蚓他们都住在那里，蜜蜂采蜜，蝴蝶传播花粉，青蛙捕害虫，蚯蚓翻松泥土，大家同心协力干活，生活又紧张又快活。"蜗牛送走了蜻蜓和蚂蚁，心里很兴奋。蜗牛打定主意，也要搬到小土冈上去住，并且决心要做出一番事业。过了两天，蜜蜂来帮蜗牛搬家，蜗牛看头上的太阳，突然又犹豫了。

他说："今天我不能搬家，不然强烈的日光会把我晒死的。"又过了两天，蝴蝶又来帮蜗牛搬家，蜗牛看正刮着大风，就对蝴蝶说："今天我不能搬家，我这细皮嫩肉的，经不起风沙吹打！"又过了两天，青蛙也来帮蜗牛搬家。这天下着小雨，蜗牛又说："今天我也不能搬家，雨天路滑，那小土冈的斜坡，无论如何我也是爬不上去的！"从此以后，再也没人来帮蜗牛搬家了。

田螺

湖光秋月两相和，潭面无风镜未磨。
遥望洞庭山水翠，白银盘里一青螺。

——《望洞庭》（唐）刘禹锡

一、物种本源

拉丁文名称，种属名

田螺，为腹足纲中腹足目田螺科动物的通称，常见种有中华圆田螺（*Cipangopaludina chinensis*）等。

形态特征

田螺形大，身体分为头部、足部、内脏囊、外套膜和贝壳5个部分。壳高可达70毫米，小型种壳高亦可达30毫米。外形为圆锥形、塔圆锥形或陀螺形。壳面光滑，或有螺棱、色带、棘状、乳头状突起。厣为角质薄片。头部很明显，在头部的背面两侧各有一个尖针状的触角。眼睛着生在触角基部的短柄上，一般可以看到20～30厘米远处。头部两个触角之间，有向前方伸出的一个柱状突起，这是它的吻。吻的前端腹面有开口，就是它的口。口内有齿舌，上面排列小齿，利用齿舌刮取食物。

习性，生长环境

田螺为淡水群栖螺类，群栖于江河、湖泊、池塘和水田中。以宽大的腹足匍匐于水草上或爬行于水底，对环境的适应性强，具有耐旱、耐寒、耐氧的能力。雌雄异体。雄性右触角变粗，形成交配器官。卵胎生，体内受精发育。仔螺长成后，陆续排出体外，在水中自由生活。除南美洲外分布于世界各地，中国已知70余种，其中螺蛳属和河螺属为中国特有属。

二、营养及成分

经测定，新鲜田螺中的干物质占到5.2%，而干物质中粗蛋白占

55.4%，灰分占15.4%，钙、磷和盐分别占5.2%、0.4%和4.6%，有赖氨酸占2.8%，蛋氨酸和胱氨酸占2.3%。同时还富含各种B族维生素，矿物质含量也较多。除此以外，田螺壳中也含有丰富的矿物质、少许蛋白质等，因此，田螺蛳还可以作为饲养动物的矿物质补充剂

三、食材功能

性味 味甘、咸，性寒。

归经 归肝、脾、胃、大肠经。

功能

（1）对治疗岔气疼痛有辅助作用。

（2）对治疗烫伤有辅助作用。

（3）对治疗各种疮烂有辅助作用。

（4）提取的蛋白，可用作美容产品。

四、烹饪与加工

田螺塞肉

（1）材料：田螺、猪肉馅、姜、葱、盐、酱油、老抽、花雕酒、白胡椒粉、糖等。

（2）做法：田螺肉取出，去掉厣，剪去尾部不要；用小刷子将田螺壳刷净。切葱段和葱花，姜片和姜末备用；田螺肉细细切碎；猪肉馅与田螺肉末搅匀，加入适量姜汁（或姜末），适量老抽、花雕酒、盐、白胡椒粉，再次搅拌均匀；用小勺将田螺肉馅塞入田螺壳内（大约塞至田螺壳的一半位置即可）；塞好的田螺放入锅中，加入酱油、老抽、水，基本没过食材，再加入适量糖；加入葱段和姜片，调入适量花雕酒，大火煮开，转小火煨至入味（15~30分钟），转大火收至汤汁浓稠，出锅后撒上葱花即可。

田螺塞肉

香辣田螺肉

（1）材料：田螺肉、姜、蒜、红辣椒、青辣椒、盐、料酒、花椒、食用油等。

（2）做法：热锅，下食用油，然后倒入花椒、蒜、姜、红辣椒；待炒出香味之后倒入田螺肉翻炒，加盐，再加水炖一会儿（如果烧不熟，容易感染肝吸虫病）；倒入料酒，待水烧干后倒入青辣椒翻炒1分钟，即可出锅。

香辣田螺肉

小风味田螺加工

田螺→饿养→水洗→除杂→蒸煮→取肉→淋洗→盐腌→冲洗→沥水→浸液→烘干→装袋→封口→杀菌→检测→成品包装。

五、食用注意

肠胃虚寒者忌食。

无尾螺的传说

在白露山忠隐庵前有一面积为数十平方米的小池塘，池塘里杂草丛生，至今生存着一种无尾螺。

相传南宋嘉定年间，周三畏在京任大理寺少卿。绍兴十一年（1141），岳飞大胜金兵，反蒙冤下狱。时秦桧柄国，令三畏审讯时诬陷之，三畏不从，愤然回答：“枉法以害忠良，博好官而甘唾骂，吾忍为乎哉！”遗书秦桧，书曰：“见岳飞忠义可以贯日月，精诚可以泣鬼神”，“止觉威命虽严，而人言可畏。功名易弃，而清漏难欺，思之再三，志不可夺”。因不忍岳飞受秦桧的陷害，遂挂冠出走，隐居此地。嘉定元年（1208），岳飞昭雪，赐闾额曰“忠隐庵”，庵立三畏像，供后人祭祀。

传说周三畏一家隐居于此后，有一天，周妻袁氏到门口池塘里摸了一些田螺来做菜肴，正欲将已剪掉屁股的螺下锅时，周三畏回来了。他猛然想到岳飞被秦桧陷害时，其尸首被弃于沙滩的螺蛳壳堆中的凄惨情景，不禁号啕大哭起来。周妻袁氏听了，便没了吃螺之意，随即将剪掉屁股的螺倒入塘中放生。之后，家人发觉倒入塘中的没有屁股的田螺仍在游动，天长日久，繁殖更多。如今隐庵前的水塘中，仍有无尾的螺在繁殖。

玉螺

骠国乐，骠国乐，出自大海西南角。
雍羌之子舒难陀，来献南音奉正朔。
德宗立仗御紫庭，黈纩不塞为尔听。
玉螺一吹椎髻耸，铜鼓一击文身踊。

——《骠国乐—欲王化之先迩后远也（贞元十七年来献之）》（节选）（唐代）白居易

一、物种本源

拉丁文名称，种属名

玉螺，为腹足纲中腹足目玉螺科（Naticidae）动物的通称，常见种为方斑玉螺（*Naticarius onca*）、扁玉螺（*Neverita didyma*）等。

形态特征

玉螺外表呈球状，壳口为半月形。内唇滑层厚，有时呈肋状，几乎把脐孔遮盖住。它们的斧足极为发达，可包被贝壳，其作用和锄头差不多，可用来挖掘泥沙，使身体埋于沙中。玉螺的触角呈三角形而扁平，前端尖；眼和视觉已退化，吻长能伸缩。这种动物均为肉食性动物，以双壳类软体动物或者其他动物为食。它的吻的腹面有穿孔腺，能溶解双壳类动物的贝壳，然后用齿舌锉食其肉。通常在潮间带看到许多双壳类动物的空壳，在顶部有一圆孔，这一杰作的始作俑者，十有七八是玉螺。

习性，生长环境

玉螺在沙上爬行后，由于前足锄沙的作用，常留下一条清晰的痕迹，退潮后采集者可以跟踪这行“脚印”找到它。其肉大多可食用，但因其自身是肉食性动物，为海涂养殖贝类的敌害之一。玉螺分布很广，热、温、寒带均有其踪迹，分布于我国各大近海海滩。

二、营养及成分

据测定，玉螺含一定量的维生素A、维生素B_1、维生素B_2、维生素E，还含有钙、磷、铁、硒等矿物质。每100克玉螺部分营养成分见下表所列。

蛋白质	19.8克
碳水化合物	4.5克
灰分	4克
脂肪	1克

三、食材功能

性味 味甘、咸，性冷。

归经 归脾、肝经。

功能

（1）玉螺有清热、祛湿、软坚、制酸、止痛的功效，对小便赤涩、痔疮、浮肿、便血、目赤、肿痛等症有食疗促康复之功效。

（2）玉螺富含的丰富营养，对心腹热痛、目疾、疔疮肿毒等的辅助康复效果不错。

四、烹饪与加工

盐水玉螺

（1）材料：玉螺、姜、盐等。

（2）做法：玉螺清水洗净备用。锅里放入200克水煮沸后将玉螺、姜、盐放入锅里煮10分钟即可。

盐水玉螺

炒玉螺

（1）材料：玉螺、辣椒、青

椒、红椒、八角、茴香、料酒、酱油、食用油、盐、葱、姜、味精等。

（2）做法：锅内放食用油先炸姜出味，然后倒入洗净的玉螺、辣椒、八角、茴香、料酒、酱油并翻炒；再倒入少量的水煮沸，剩少许汤时，加入盐、葱和味精，炒熟玉螺，用青椒、红椒点缀即可。

炒玉螺

玉螺海鲜罐头

将清洗蒸煮后的玉螺去壳，按玉螺质量加入等量的砂糖、味精、盐、黄酒、辣椒面、甘草、黄原胶、酱油、丁香、桂皮以及姜汁，浸味1.5~3小时后密封灭菌。

五、食用注意

（1）玉螺性寒，脾胃虚弱、感冒和风寒期间的人，女子月经期和产后均不建议进食。

（2）如果用油、盐、姜和大蒜煮玉螺，则会稍微温和。

（3）若煮汤食用则性寒利，虽有利尿、清热解毒之功，但不宜多食，多食令人腹痛、腹泻。

玉螺仙子的传说

从前，有个孤苦伶仃的小伙子，靠给地主种田为生，每天日出耕作，日落回家，辛勤劳动。一天，他在路边捡到一只特别大的玉螺，心里很惊奇，也很高兴，便把它带回家，放在水缸里，精心饲养。

有一天，这个小伙子和往常一样去地里劳动，回家却见到灶上有香喷喷的米饭，厨房里有美味可口的鱼肉蔬菜，茶壶里有烧开的热水。第二天回来还是这样。两天、三天……天天如此，那个小伙子决定要把事情弄清楚。次日，鸡叫头遍，他像以往一样，扛着锄头下田去劳动，天一亮他就匆匆赶回家，想看一看是哪一位好心人在做好事。他大老远就看到自家屋顶的烟囱已炊烟袅袅，他加快脚步，要亲眼看一下究竟是谁在烧火煮饭。可是当他蹑手蹑脚贴近门缝往里看时，发现家里毫无动静，走进门，只见桌上饭菜飘香，灶中火仍在烧着，水在锅里沸腾，还没来得及舀起，只是热心的烧饭人已经不见了。

一天又过去了，他又起了个大早，鸡叫下地，天没亮就往家里赶。这时，家里的炊烟还未升起，他悄悄靠近篱笆，躲在暗处，全神贯注地看着自己屋里的一切。不一会儿，他终于看到一个年轻美丽的姑娘从水缸里缓缓地走出，身上的衣裳并没有因水而有些许潮湿。姑娘移步到了灶前，就开始烧火做菜煮饭。

年轻人看得真真切切，连忙飞快地跑进门，走到水缸边一看，自己捡回的大玉螺只剩下个空壳。他惊奇地拿着空壳看了又看，然后走到灶前，对正在烧火煮饭的年轻姑娘说："请问这位姑娘，您从什么地方来？为什么要帮我烧饭？"姑娘没想到他会在这个时候出现，大吃一惊，又听他盘问自己的来历，便不知如何是好。年轻姑娘想回到水缸中，却被挡住了去路。小伙子一再追问，年轻姑娘没办法，只得把实情告诉了他，她就是玉螺仙子。

小伙子非常喜欢玉螺仙子，后来他们就结了婚。

蚂蟥精也喜欢玉螺仙子，看到玉螺仙子和小伙子这么恩爱，很妒忌，决定抢走玉螺姑娘。于是假扮算命先生从她瞎眼婆婆那里骗去玉螺壳。有了玉螺壳，玉螺姑娘就被蚂蟥精收到他的洞内出不来了。小伙子和他的伙伴去蚂蟥精的洞中救玉螺仙子，却被蚂蟥精打败。后来他们想了个办法，把盐撒在蚂蟥精身上。蚂蟥精最怕的就是盐了，终于痛苦地死去。

从此，玉螺姑娘和小伙子过着幸福的日子，一年后生了一个胖小子。转眼孩子到了五六岁，在河边玩水嬉戏，后被同伴骂是玉螺精的孩子。“垛、垛、垛，哪阿母有玉螺壳，叮叮叮，哪阿母是玉螺精。”孩子听了人家的话，把他母亲的壳藏起来了，玉螺仙子就再也变不回玉螺了。

棒锥螺

貌不惊人宿海泥，丹心一片吐沙棲。
无须菜谱题前位，有识庖厨烩韭齑。
肉美嫩寒鱼逊色，骨遗粉碎饲豚鸡。
浅滩内海群生聚，高产平凡养庶黎。

——《棒锥螺》（现代）李晓群

一、物种本源

拉丁文名称，种属名

棒锥螺（*Turitella bacillum*），为腹足纲中腹足目锥螺科动物，又名锥子螺、麻螺。

形态特征

棒锥螺的外壳为尖锥形，质地坚硬，一般常见的棒锥螺壳高为108~130毫米，宽为高的1/5左右。螺层一般为0~3层，每层高度、宽度的增长较为均匀。螺壳的表面有微微凸起，缝合线比较深，呈现出沟状；螺壳顶较尖细，它的旋部很高，一般为体螺层的5倍左右。螺壳一般为黄褐色或者紫褐色，其生长线较为清晰，有时会形成褶襞。螺壳的口近似圆形，壳内面呈现有与壳表面螺肋相应的沟纹。外唇较薄，易破损，而内唇较为坚硬。其厣呈角质，圆形，较薄，易破碎。一般核位于壳中央。

习性，生长环境

棒锥螺生活在潮间带至40米泥沙质海底，我国各沿海浅滩均有分布。

二、营养及成分

据测定，棒锥螺含一定量的维生素A、维生素B_1、维生素B、维生素E等，多种氨基酸和钾、钠、钙、硒、镁、锰、锌、铁、磷、铜、碘等矿物质。每100克棒锥螺部分营养成分见下表所列。

蛋白质	9.6克
碳水化合物	3.3克
脂肪	0.6克

三、食材功能

性味 味甘、微咸，性微寒。

归经 归肝、胃、膀胱经。

功能

（1）具有“平肝、安神、明目”的作用。

（2）棒锥螺有正元气、利尿之效。

（3）棒锥螺含有很多人体必需的养分，营养均衡且较为齐全，可作为休闲食品。食用后有护肝作用，对头晕头疼、尿频而黄及失眠多梦者有促进康复之效。

四、烹饪与加工

爆炒棒锥螺

（1）材料：棒锥螺、辣椒、洋葱、姜、蒜、花椒、冰糖、食用油、酱油、料酒、鸡精、盐、香菜等。

（2）做法：将棒锥螺尾巴剪掉、洗净、沥干备用；辣椒切段或丝，洋葱切成段，姜切成丝，蒜剁成蓉；热锅冷油，蒜蓉、姜丝进行爆香，再加入花椒和辣椒段翻炒至断生；下入棒锥螺爆炒，放入少许热水、冰糖进行翻炒；然后从锅边淋入酱油、料酒；再加入鸡精、盐进行调味；接着翻炒几下盖上锅盖，大火焖煮5分钟左右即可，根据个人口味另加适量香菜。

爆炒棒锥螺

香辣棒锥螺

（1）材料：棒锥螺、洋葱、麻椒、辣椒酱、姜、葱、蒜、酱油、食用油等。

（2）做法：用钳子将锥螺的尖部掰掉，掰掉的长度约为整个棒锥螺长度的1/4；掰掉尖部的棒锥螺用流水清洗，冲洗干净后控净水分待用。洋葱切丝，葱蒜分别切末；锅里倒入食用油，放入姜蒜末、麻椒和两大勺辣椒酱。中火炒香，然后转小火慢炒，炒出红油；控净水的棒锥螺放入锅中，同锅内的调料翻炒均匀，倒入两大勺酱油，翻炒均匀，转中火炖煮至锅中的酱汁变浓。炖煮的过程中要不时地翻动棒锥螺，使酱汁均匀地裹在棒锥螺上。由于棒锥螺受热后会出汤，再加之有辣椒酱和酱油，所以锅里不需要再额外加清水；最后放入洋葱丝，转大火，快速翻炒均匀即可。

香辣棒锥螺

五、食用注意

脾胃功能不佳者应谨慎食用棒锥螺。

小吃“炒棒锥螺”破命案

清代光绪年间，南海县新来了一位北方籍的县官。有一天，他微服私访，偶然尝到小吃炒棒锥螺，非常美味，就问店主这是什么东西。店主前一晚赌钱输了，负气地说：“是光光菜！”

县官问了炮制方法，回衙门后，让两个官差去买“光光菜”，两人不知“光光菜”是何物，只好胡乱拉个光头和尚。然后按县官说的“光光菜”的炮制方法，烧红油锅，下些蒜头、豆豉、紫苏，抬起和尚要往锅里放，吓得和尚大叫救命。县官听到叫声，才发现原来官差误把和尚当“光光菜”了。他怕此事传开，对他的名声造成影响，就想一个人总有些过错，只要吓他一吓，待他说出过错，本官就有台阶下了。县官命人将和尚带上堂来，一拍惊堂木道：“刁僧，本官如无真凭实据在手，怎会抓你?”

和尚大惊失色，竟然将他犯过的罪行一五一十招供。县官听着听着，不禁惊呆了……

且讲广州西关有间海味店，店主财叔一心要把女儿阿娟嫁给有钱人，谁知她却爱上对面菜摊的卖菜仔阿佳。财叔知道后，大骂女儿是“贱骨头”。阿娟伤心极了，又被父亲看得紧，苦无机会和情郎见面。有一天，财叔叫阿娟搬几箩鲍鱼出店门晾晒。阿娟趁父亲不在身边，立即向阿佳说道：“今晚我在窗口吊根绳下来，你爬上我房中，再商量我们的事。”他们的话被街上一个化缘和尚偷听到。待到天黑，和尚假冒阿佳捷足先登，欲对阿娟行不轨之事。黑暗中阿娟觉得不对，惊起来，和尚恐惊动四邻，就用双手掐住阿娟的咽喉，谁料阿娟竟气绝身亡！

和尚见出了人命，马上逃走了！

和尚前脚逃走，阿佳刚巧后脚就到，点灯一看，啊！只见阿娟已死。楼下睡觉的财叔闻声而起，见此情况不由分说就把阿佳绑到县衙，告他奸杀了自己的女儿。审问时，阿佳想，如照实讲是阿娟约我到她房间的，岂不影响她的名声？就承认是自己所为。

前任县官到现场勘查时，发现很多疑点，因此在结案之前，只好将阿佳收监。直到现任县官接任时，前任县官将此悬案交给他。想不到这位新任县官因要吃“光光菜”，竟然抓住了真凶。真相大白后，阿佳被无罪释放，和尚也受到了应有的惩罚。这个“光光菜”奇闻一直流传至今。

玉黍螺

万里承平尧舜风，使君尺素本空空。
庭中无事吏归早，野外有歌民意丰。
石鼎斗茶浮乳白，海螺行酒滟波红。
宴堂未尽嘉宾兴，移下秋光月色中。

——《酬李光化见寄二首（其一）》（北宋）范仲淹

一、物种本源

拉丁文名称，种属名

玉黍螺，为腹足纲中腹足目玉黍螺科玉黍螺属动物的通称，常见种为细粒玉黍螺（*Granulilittorina exigua*）、棘黍螺（*Echininus cumingii*）等。

形态特征

玉黍螺贝壳有黑褐色、淡褐色、灰白色等颜色，一般螺塔的开口大，而尾端尖，外壳表面分布着波纹状的螺纹，在爬行时完整的眼、口、足、触角清晰可见。一般壳的长度约2厘米，外形为圆锥形，螺塔7层。其壳较薄，缝合深，螺肋密且粗，外形薄，内唇不发达，轴唇有白色滑层。玉黍螺有时可经环境的变化而演化为陆贝。

习性，生长环境

玉黍螺因品种的差异，生活在海岸的不同区域。在高潮线附近，也存在一些玉黍螺。潮水退去，也就是低潮的时候，有些玉黍螺为了躲避捕食者，常蜷缩进壳里保持潮湿。潮水涨起来，也就是高潮的时候，玉黍螺逐渐从壳里钻出来，去捕食海藻和小型植物。玉黍螺不怕阳光，即使面对干旱的环境，也能够长期忍受并存活下来。它能够适应河口高盐分的纯海水，主要喜欢栖息在潮间带及淡水河口的红树林树干上。玉黍螺分布于世界各地，在印度洋、太平洋、南非、中国最为常见。

二、营养及成分

经测定，玉黍螺富含蛋白质、碳水化合物、维生素，还含有钙、铁、锌、硒等矿物质。每100克玉黍螺部分营养成分见下表所列。

蛋白质	15.4克
碳水化合物	8.8克
脂肪	1.2克

三、食材功能

性味 味咸，性温。

归经 归肺、肾经。

功能

（1）玉黍螺对胃痛、吐酸、淋巴结结核、手足拘挛等症有辅助功效。

（2）玉黍螺具有制酸、化痰、软坚和止痉等功效。

（3）玉黍螺富含胶原蛋白，具有美容养颜之功效。

四、烹饪与加工

玉黍螺笋片汤

（1）材料：玉黍螺、鸡汤、鲜笋片、盐等。

（2）做法：玉黍螺取肉，洗净备用。首先在砂锅中放入玉黍螺肉，然后加入鸡汤，开小火煨炖九成熟，而后加入盐和新鲜笋片，熟透即可食用。

玉黍螺笋片汤

螺肉龙骨汤

（1）材料：玉黍螺肉、猪龙骨、盐、枸杞等。

（2）做法：螺肉和猪龙骨洗净，猪龙骨切小块、焯水；将食材一起下锅，加冷水；武火烧开转文火慢炖2小时，撇去浮油，加盐和枸杞后即可食用。

螺肉龙骨汤

五、食用注意

（1）在服用中药蛤蚧、西药土霉素等时，不可食用玉黍螺。

（2）当食用玉黍螺时，需弃掉螺尾和消化道部分。食后不宜饮用冰水。

男孩与玉黍螺公主的故事

玉黍螺村一直流传着关于玉黍螺的各种各样的传说，这些故事都是由玉黍螺村的老人们口口相传下来的，最耐听的就是男孩和玉黍螺公主的传说。

很久很久以前，在遥远的海边，住着一个善良的小男孩。男孩很可怜，父母早早就离世了，他和年迈的奶奶相依为命，靠着赶潮捕鱼生活。小男孩跟着奶奶赶潮，喜欢捡拾漂亮的玉黍螺，然后把没有及时跟着海潮返回大海的小鱼、小螃蟹、小螺都送回大海。

在五色锦环绕的海底深宫里，有一位美丽的玉黍螺公主，漂亮、活泼、善良，得到海底世界所有生命的喜爱与拥戴。然而，天有不测风云。一次，贪玩的小公主玩耍时，不小心被海潮带上了沙滩，搁浅在一块大珊瑚石的背后，缺水和强烈的撞击，让玉黍螺公主只剩下努力呼吸的力气。这时候，这个赶海的小男孩捡到了她，并细心地为她疗伤。玉黍螺公主伤势痊愈后，重归了大海。

多年之后，小男孩的奶奶去世了，他也长成了帅气的小伙。他学会了织网、撒网、捕鱼。凭着吃苦耐劳的本性，他还找到一个老实、本分、淳朴的渔家姑娘，生了一群可爱的孩子，虽然日子过得很紧巴，但是对小伙子而言，这就是他生活追寻的全部。他自始至终都不知道曾被他救过的玉黍螺是位公主。

那个玉黍螺公主重新回归深海后，十分感激小男孩的搭救之恩。玉黍螺公主总会在他出海捕鱼的时候，偷偷地给他多放一些味道鲜美的鱼；还会在风起潮涌的时候，伸出手带他到平安的港湾。

鲍鱼

年年游览不曾停，天下山川欲遍经。
堪笑沙丘才过处，銮舆风过鲍鱼腥。

——《咏史诗·沙丘》（唐）胡曾

| 一、物种本源 |

拉丁文名称，种属名

鲍鱼，为腹足纲原始腹足目鲍科鲍属动物的通称，常见养殖种为皱纹盘鲍（*Haliotis discus hannai*）、杂色鲍（*Haliontis diversicolor*）等。

形态特征

鲍鱼名为鱼，实则非鱼，它的身体外边包被着一个厚的石灰质的贝壳。鲍鱼的单壁壳质地坚硬，壳形右旋，表面呈深绿褐色。壳内侧紫、绿、白等色交相辉映。在鲍鱼的贝壳上有从壳顶向腹面逐渐增大的一列螺旋排列的突起。这些突起在靠近螺层末端贯穿成孔，孔数随种类不同而异。在中国北方分布的盘大鲍有4~5种，南方分布的杂色鲍有7~9种。软体部分有一个宽大扁平的肉足。软体为扁椭圆形，黄白色，大者似茶碗，小的如铜钱。鲍鱼就是靠着这粗大的足和平展的跖面吸附于岩石之上，爬行于礁棚和穴洞之中。鲍鱼肉足的吸附力相当惊人，一个壳长15厘米的鲍鱼，其足的吸附力高达2000牛。鲍鱼的头部很发达，它的两个触角在伸展时很细很长。在触角的基部背侧各有一个短的突起，突起的末端生长着眼睛。在两个触角之间有头叶，头叶的腹面有向前伸出的吻，吻的前端有口。口里面有强大的齿舌。

习性，生长环境

鲍鱼很娇气，养殖难度大，稍有不慎就会“全军覆没”。所以，科学的净水方法必不可少。秋季是鲍鱼生长较快的季节，需投喂足够的新鲜饵料，每4~5天投喂一次。冬季水温低，鲍鱼的摄食量少。鲍鱼喜食幼嫩海藻，包括裙带菜、鹅肠菜、海带、马尾菜等。

目前，世界上约有90种鲍鱼，广泛分布于太平洋、印度洋和大西洋海域。在中国渤海湾养殖的鲍鱼是皱纹盘鲍，个体较大，东南沿海养殖的杂色鲍体型较小；西沙群岛的半纹鲍鱼和羊鲍都鱼是非常有名的食用鲍，自然产量很少，所以价格较昂贵。目前，世界各地产鲍鱼的国家都在积极开发人工养殖，中国的人工养殖在20世纪70年代获得成功，并养殖出了杂色鲍苗。

二、营养及成分

鲍鱼的营养成分包括无机盐、氨基酸、脂肪酸，以及微量元素等。每100克新鲜鲍鱼包含有17种氨基酸，其中人体必需氨基酸有8种，含量约4.7克，总氨基酸含量约16克，鲜味氨基酸与总氨基酸的比值约为43%。此外，鲍鱼中还含有丰富的EPA、棕榈酸等。每100克鲍鱼部分营养成分见下表所列。

蛋白质	12.6克
碳水化合物	6.6克
脂肪	0.8克

三、食材功能

性味 味咸、甘，性平。

归经 归肝经。

功能

（1）提高免疫力。鲍鱼肉中有一种生物活性物质，称作鲍灵素，能够提高人体免疫力。日常生活中经常炖食鲍鱼或将鲍鱼与黄花菜、黑白木耳煮食，可以增强体质，还具有保护免疫系统的作用。

（2）鲍鱼能安神平肝、养阴补肾，还可调节肾上腺分泌、调节血压、润燥利肠、治疗便秘、治疗月经不调等。从鲍鱼肉和其黏液中能分离出鲍灵素Ⅰ、鲍灵素Ⅱ以及鲍灵素Ⅲ等3种不被蛋白酶分解的黏蛋白。现有研究证实，其对链球菌、葡萄球菌、流感病毒、疱疹病毒均有一定的抑制作用。

四、烹饪与加工

鲍鱼炖土豆

（1）材料：新鲜鲍鱼、土豆、鸡精、料酒、食用油、盐、糖、大料、花椒、辣椒、葱、姜等。

（2）做法：用刀取出鲍鱼肉，去除内脏，洗净备用；土豆去皮切丁备用；热油、葱、姜爆锅，放辣椒、鸡精、料酒、盐、糖、大料、花椒翻炒；放入土豆翻炒几下后，加清水炖至土豆八成熟时，放入鲍鱼一起炖熟，出锅前再放入葱末即可。

鲍鱼炖土豆

清蒸鲍鱼

（1）材料：新鲜鲍鱼、姜、葱、酱油、食用油等。

（2）做法：处理好活鲍鱼，刷洗干净摆碟备用；姜、葱切丝铺在鲍

清蒸鲍鱼

鱼上面，撒些酱油；蒸锅水烧开后放入鲍鱼，大火蒸八九分钟关火，去掉姜葱丝；把食用油烧热浇在鲍鱼即可。此时也可加点葱丝和酱油，也可调点糖和香油。

罐头鲍鱼

① 干鲍鱼加工方法：鲜鲍去壳→清洗→腌制→水煮→晾晒。

② 真空冷冻干燥技术：鲍鱼原料前处理→煮制、冷却、中和→低温浸泡、护色→沥干、冻结→入干燥仓真空冷冻干燥→出仓→包装。

五、食用注意

（1）痛风患者和高尿酸者不宜吃鲍鱼肉，可少量喝汤。出现感冒发烧症状时不宜食用，阴虚喉痛的人也不宜食用。

（2）患有顽癣痼疾之人忌食鲍鱼。

雍正情牵“明珠鲍鱼”

相传雍正当皇帝前，是个风流人物，有一次竟迷恋上河南民间的一位渔家姑娘冯艳珠。短暂的卿卿我我之后，雍正又卷入了政治纷争，全力谋求皇位，把这个平民女子给冷落淡忘了。

一年后，冯艳珠生下了龙凤胎，男孩取名包玉，女孩取名明珠。日子一天天过去了，苦熬苦等的冯艳珠，再也得不到情人的一点儿讯息。她只能辛苦劳动来养育儿女。过了几年，冯艳珠见孩子们已经长大，便毅然变卖了家产，带着他们走上千里迢迢的进京之路，想要寻找孩子的生父。

冯艳珠怀里揣着雍正留给她的信物，来到京城。她千方百计打听，才知道自己要找的丈夫正是当朝的万岁爷。这真是让她又惊喜又悲愤，惊喜的是自己心爱的人贵为天子，说明她没有看错人；悲愤的是心上人已违背诺言，根本没把她和儿女当一回事，全抛到九霄云外去了。冯艳珠知道觐见皇上绝非易事，还得慢慢地寻找一个稳妥之计。于是，她恳求同情自己遭遇的客栈老板，帮她和御膳房厨师见上一面。

幸好御厨心地善良，答应助冯艳珠一臂之力。这一天，雍正皇帝用餐时，看到御厨送上一道从未品尝过的美馔。他品尝后十分满意，便把御厨叫到跟前，仔细询问此馔的由来。御厨说此馔名为“掌上明珠鲍鱼”。当雍正听到“明珠鲍鱼”这个菜名时，猛然想起当年给冯艳珠留下的话语：“日后生子名包玉，生女叫明珠……”，心中若有所思。

御厨见皇上心动了，便不失时机地将冯艳珠携子女进京寻夫的事情原原本本讲了出来。雍正皇帝到底也是个有血有肉的人，他岂能没有一丝人情味儿？于是应允召见冯艳珠进宫团聚。一道珍馐美馔成就了分离多年的情人。

“掌上明珠鲍鱼”让九鼎至尊的万岁爷认了亲生骨肉，也实在是美食文化史中一段有趣的插曲呢！

骨螺

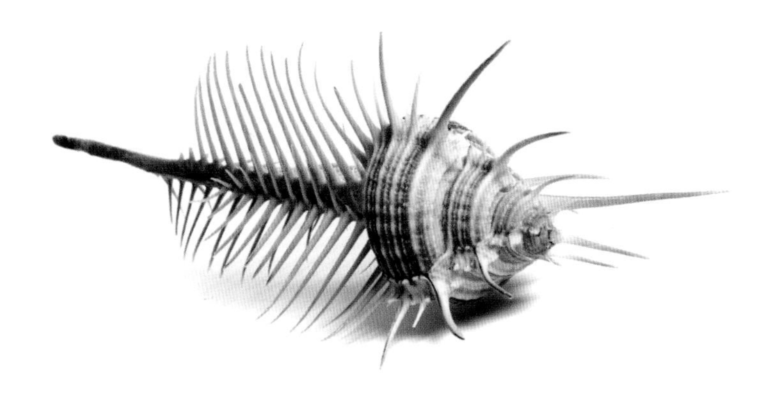

骨贝多长棘，纺锤角质厣。
生性多含饕，味美物种盈。

——《骨螺》（现代）左浩然

一、物种本源

拉丁文名称，种属名

骨螺，为腹足纲新腹足目骨螺科动物，又称刺螺、骨贝、蜡螺。常见种为钩棘骨螺（*Murex aduncospinosus*）、栉棘骨螺（*Murex pecten*）等。

形态特征

骨螺贝壳椭圆而坚硬。贝壳形状不一、样式奇特，表面有五光十色的花纹，还有粗细不一的螺肋、大大小小的结节、尖锐的刺或长棘等。壳表面是淡淡的黄色，内在却是白色的。壳口有延伸的管状的前水管，壳体的螺旋数较少。

骨螺的壳大小适中，肋条尖锐，突起呈鸟喙状。角塔状螺塔是由肩角和骨缝形成的，上面有螺丝状环带，排列紧凑，起到了一定的点缀作用。螺塔的肋条造型奇特，是断断续续地向上凸起的壳针组合而成。

习性，生长环境

从潮间带到3000米深的海底，都有骨螺的身影，但它们中的大多数主要生活在浅海水域。它们是肉食主义者，主要以贝类为食。贝壳因形

骨　螺

状各异有一定的观赏价值，又因壳质坚硬、五光十色，可用来制作工艺品。在我国，沿海水域中目前已经发现骨螺150余种，种类丰富。

二、营养及成分

据测定，骨螺含一定量的维生素A、维生素B_1、维生素B_2、维生素E等，以及钙、铁、磷、镁、锌、铜、锰、钠、硒等矿物质。每100克骨螺部分营养成分见下表所列。

蛋白质	11.2克
碳水化合物	4克
灰分	3.5克
脂肪	0.6克

三、食材功能

性味 味甘，性寒。

归经 归肝、胃经。

功能

（1）对眼睛红肿、两眼昏花、肺热咳嗽、心腹热痛、胃痛等症有良好的食疗促进康复之效。

（2）骨螺肉清热消渴、利尿通淋、抗菌，对细菌性痢疾、风湿性关节炎、水肿、疔疮肿痛、风热肺炎咳嗽有辅助康复的效果。

四、烹饪与加工

螺肉骨头汤

（1）材料：骨螺、猪骨头、料酒、面粉、白胡椒、食用油、姜、盐等。

（2）做法：用工具将骨螺的外壳敲碎，弃壳取肉，螺肉中加入适量的面粉，充分揉冲，反复几次；将抓洗干净的螺肉焯水，再次冲洗干净。白胡椒用刀背轻轻拍碎，猪骨头焯水备用。热锅倒油，待油热后，把螺肉放入锅中爆炒2～3分钟，加入少许料酒再翻炒1～2分钟。把准备好的食材全部放进砂锅，加入姜片和适量的水，大火煲1个小时左右，后转小火继续熬，煲至3小时左右后，适当加盐调味即可。

螺肉骨头汤

五、食用注意

（1）脾虚胃寒的人、风寒感冒的人不宜食骨螺。

（2）女子月经期间及产后忌食骨螺。

（3）不宜多食骨螺，多食令人腹痛腹泻。

暗夜中的骨螺

小斗帽一家靠出海打鱼为生。有一天，海面上适逢刮起风暴，海浪冲天而起，海上的渔船全部被掀翻。小斗帽一家的渔船也被巨浪打翻，父母都被巨浪吞没不知去向。小斗帽死死抱住折断的桅杆，任凭海浪摔打。过了一阵，风平浪静，小斗帽被海浪送到了一座无名岛的海滩上。

无名岛荒无人烟，岛上有奇峰怪石、花香鸟语，风景十分秀丽。小斗帽无心欣赏，站在海滩上面对大海大声哭泣，可怜的爹娘已葬身海底，再也听不见儿子的呼唤声了。夜幕渐渐降临，小斗帽只好向山上走去，他来到一块岩洞下避风，就这样忍饥挨冻地过了一夜。第二天，天刚蒙蒙亮，小斗帽起身来到海边，顺手摘了三根芦苇草，以草为香，插在海滩上，面对大海跪拜爹娘。从此，小斗帽每天都要到海边跪拜爹娘半个时辰，然后才起身去干活。

话说大海中有一位修炼千年的骨螺，骨螺有着一头秀丽的长发，美丽异常。她时常在海边看到小斗帽跪拜父母，不管刮风下雨从不间断。小伙子的孝心深深地感动了千年骨螺精。她天天观察小斗帽，心中渐生情愫，先由好奇转为同情，又由同情变成爱慕。

三年后的一天，小斗帽跪拜完父母，又整装出海了。傍晚，海面上刮起狂风下起暴雨，小斗帽的渔船仍未归来，这可让骨螺姑娘担心死了。过了一个时辰，风雨停了，可天黑得伸手不见五指，在这漆黑的海面上，小斗帽的船怎能找到回家的路呢？骨螺姑娘急了，只见她奋不顾身地摸黑爬上山顶，从口中吐出夜明珠，把夜明珠高高托起。顿时，海面一片光明。此时，小斗帽正因天黑辨不清东西南北而发愁。正在喊天天不应、叫地地不灵的困境中，小斗帽突然看见无名岛方向有亮光，他眼前一亮，朝亮光的方向奋力划桨。到了岸边，他系好船绳，快步向山上跑去。小斗帽气喘吁吁地来到山顶，被眼前的景象惊呆了。一个貌似天仙的姑娘，披着长龙似的秀发，手托夜明珠，含情脉脉地望着他微笑呢！

互生爱慕之情的他们以大海为证，苍天作媒，拜了天地，从此成了恩爱夫妻。骨螺姑娘将外壳脱去，穿上村姑的衣服，和小斗帽在半山岩洞小屋组建了美满幸福的家。从此，迷路的渔民们时常能在夜晚看到无名岛山顶上闪着亮光。当地渔民如果黑夜里在海上辨不清方向，就朝天大喊“骨螺姑娘快显灵，驱除黑暗放光明”，无名岛山顶上就会出现亮光，渔船就能朝着亮光的方向回航了。后来，当地人就把无名岛命名为斗帽岛，也有人称之为螺壳岛。

红螺

真医曾活水中龙，三卷奇书玉笈中。
酒熟定应登杰阁，与龙对酌海螺红。

——《寄题用之太丞真意阁》
（南宋）李石

一、物种本源

拉丁文名称，种属名

红螺，中文学名为小皱岩螺（*Rapana bezoar*），腹足纲新腹足目骨螺科动物，又称褶红螺、海螺。

形态特征

红螺有大大的、硬硬的壳，呈黄灰色或褐色，还长有尖尖的棘突和细细的肋纹。但是，壳内部却是光滑的、暗红的，螺肋排列有序，细沟分布平直。

红螺螺旋部短，体螺层非常膨大，分为6层，每层宽度快速增加，同时有发达的肩角。它有着醒目的缝合线及生长线。粗肋长在肩角下，有3~4条，大多有结节并且是突起的，最粗的1条位于底部。红螺壳有扁圆的壳口，壳口大大的，向外突起，基部有1条短短的、宽宽的沟。红螺壳有内唇和外唇之分，内唇前面厚厚的，而后面却薄薄的；外唇在边缘处有残缺的刻痕，这与粗肋差不多。红螺壳的内里有细细的肋纹，与贝壳表面的细肋相差无几。

红　螺

习性，生长环境

红螺活动较慢，肉食性。常以海藻及微小生物为食，嗜食棘皮动物。夜间活动。足位于身体的腹面，为块状，肌肉极发达，适于爬行。它们一般栖息于浅海海域，通常生活在浅水或平坦的泥地。红螺分布广，以渤海湾产量较高，主要产地有大连、烟台、威海、青岛等地。

二、营养及成分

据测定，红螺富含维生素A、维生素B_2、维生素B_3、维生素E，还含有钙、铁、硒等矿物质。每100克红螺部分营养成分见下表所列。

蛋白质	20.1克
碳水化合物	7.6克
灰分	2.7克
脂肪	0.8克

三、食材功能

性味 味甘、咸，性凉、寒。

归经 归脾、肝、肾经。

功能

（1）红螺可除湿、利水、解毒，对于胃热炽盛、呕吐酸水引起的胃痛、烦渴、咽喉肿痛、眼睛红肿、水火烫伤有食疗促康复之效。

（2）红螺中蛋白质、脂肪、维生素和矿物质的含量很丰富，对体虚瘦弱、营养缺乏、高血压患者有辅助食疗促康复的功效。

（3）对提高免疫力、防止中老年骨质疏松亦有一定的辅助作用。

四、烹饪与加工

红螺竹荪汤

（1）材料：红螺、竹荪、菠菜、葱、料酒、盐等。

（2）做法：将红螺肉去除不可食用部分，用水洗净，切成薄片，沸水中焯水片刻捞出、沥干；竹荪用清水泡半个小时左右，不断搓洗、换水，一直洗到它变成乳白色后，从水中捞出沥水，切成小段备用。锅中加入适量的清水，放入竹荪段、螺片，再加入适量的料酒去腥、适量的盐调味，待水烧开后放入葱段和菠菜，微煮片刻即成。

炭烤红螺

（1）材料：大红螺、芝士、盐等。

（2）做法：将红螺清洗干净，不要去尾。准备炭炉，烧热。红螺放在炭火上烤20分钟。撒上盐和芝士，再烤制1～2分钟即可食用。

炭烤红螺

五、食用注意

脾胃虚寒者忌食红螺。

红螺寺名称的由来

红螺寺位于北京市怀柔区，原名大明寺，明正统年间，英宗来寺降香，御封为“护国资福禅寺”。寺庙山门前的红螺池，也称荷花池、放生池，池中有两位仙女的石雕。

之所以称作“红螺寺”，是因为当地有一段美丽的传说。相传，玉皇大帝的两位公主结伴下凡，云游人间美景时，来到一座大山前，见这里山水相依、古木参天，万绿丛中掩映着一座青砖灰瓦、古色古香的寺院。清静幽雅的环境，神圣肃穆的古寺，悠扬平和的诵经之声，深深地吸引了这两位久居天宫的仙女，她们萌发了在此生活的念头。白天，她们化成人身，与寺中僧人一道礼佛诵经，吃斋念佛；夜晚，她们化作斗大的红螺，快乐地在寺前的放生池中，放出红光冲天，将寺院和山麓笼罩在一片红霞祥云之中。她们运用自己的神力，暗暗地保护着寺庙和当地百姓。从此，这里风调雨顺，林茂粮丰，万民安居乐业。后来，两位仙女留恋人间终被玉皇大帝发现，玉帝便把她们召回了天宫。

当地百姓为了感谢这两位红螺仙女的功德，同时祈盼红螺仙女能重返这里，便把寺院北依的大山称为“红螺山”，进而寺庙也被称为“红螺寺”了。

泥螺

曾忆童真自由时，夏水习习绿池波。
菱荇漂萍共云闲，蒹葭薄草俨泽国。
芦枝呼摇戏蜻蜓，浅渚踏探捉泥螺。
凭任沧桑叹无句，旧趣只堪梦里说。

——《童趣》（民国初年）
欧阳招财

一、物种本源

拉丁文名称，种属名

泥螺（*Bullacta exarata*），腹足纲后鳃目阿地螺科泥螺属动物，又名泥蛳、泥糍、麦螺蛤、泥蚂（青岛方言）等。

形态特征

泥螺外壳呈卵圆形，壳薄而脆，其壳不能包住全部身体，腹足两侧的边缘露在壳的外面，并且反折过来遮盖了壳的一部分。成贝体长为40毫米左右，宽为12～15毫米。体长方形，无触角。壳无螺塔。

优质的贝壳是透明的，有光泽的，呈蓝褐色；腹足呈乳白色，坚硬而脆。螺体深浸在盐水中，卤液深黄色或浅黄色，洁净无泡沫。

习性，生长环境

泥螺是杂食性的后鳃类动物，能吞食泥沙，撕刮藻类，主要摄食底栖硅藻、小型甲壳类、无脊椎动物的卵及有机腐殖质等。在阴雨或天气较冷时，泥螺潜于泥沙表层1～3厘米处，不易被人发现，日出后又爬出觅食。退潮后海滩上泥螺很多，爬行时用头楯及足蝙起泥沙将身体覆盖，起拟态作用得以御敌及减少水分蒸发。

泥螺栖息于内湾潮间带泥沙或沙泥底、底栖硅藻丰富的海滩上，风浪小、潮流缓慢的海湾中尤其密集，对盐度、温度适应性强，严冬酷暑均生长良好，但不适于在风浪大、潮流急的海区生活。泥螺在中国沿海都有出产，以东海和黄海产量为多。

二、营养及成分

经测定，泥螺含一定量的胆固醇、维生素A、维生素B_1、维生素

B_2、维生素E及多种氨基酸，还含有钙、磷、钾、钠、镁、铁、锌、硒、铜、锰等矿物质。每100克泥螺部分营养成分见下表所列。

蛋白质	19.8克
碳水化合物	4.5克
灰分	4克
脂肪	1克

三、食材功能

性味 味甘、咸，性寒。

归经 归脾、肾经。

功能

（1）泥螺肉入药，处方名吐铁，有补肝肾、益精增髓、润肺生津、明目的功效，对咽喉炎、长期口腔溃疡反复发作、舌痛、咽喉干痛、腰酸腿软有食疗促康复之效。

（2）泥螺含人体必需的氨基酸，其壳中黏液对人体黏膜有保护作用，对咽喉炎、口腔溃疡、眼睛干涩等病症有辅助治疗的作用。

（4）其蛋白质中富含谷氨酸，还具有补肝肾、益精髓、明耳目和生津液等食疗功效。

四、烹饪与加工

醉泥螺

（1）材料：泥螺、白酒、蒜、姜、白糖、酱油、盐、香菜、香油等。

（2）做法：新鲜的泥螺清洗干净后用盐卤好备用；蒜切末，姜切丁放入盆中，再加入白糖、白酒、酱油，一起搅拌；最后放入沥干净的泥螺搅拌均匀。密封放入冰箱，冷藏一晚；隔日取出，加入香菜、香油即可。

醉泥螺

葱油鲜泥螺

（1）材料：泥螺、酱油、蚝油、醋、黄酒、白糖、胡椒粉、食用油等。

（2）做法：新鲜的泥螺清洗干净后备用；清水煮沸，下泥螺，一分钟后捞起，略带汤汁；另取一个小碗，倒入酱油、蚝油、醋、黄酒、白糖、胡椒粉等制成酱汁；将酱汁淋到泥螺上，再淋上热油，点缀即可。

泥螺罐头

（1）选料：选体大壳薄、腹足肥厚、体内无沙、足红口黄、满腹藏肉、无破壳的泥螺为加工原料。仲夏前后，泥螺格外脆嫩、肥满时，为采捕、加工的黄金季节。

（2）盐浸：将选好的泥螺放入桶中，加20%~23%的盐水，迅速搅拌均匀，直至产生泡沫为止，然后静置3~4小时。

（3）冲洗：将盐水浸泡过的泥螺捞起，摊放在筛上，用清水冲洗干净，并稍干燥。

（4）腌制：洗净的泥螺再放入桶中，加入20%~22%的盐水，搅拌均匀。隔天，盖上竹帘，压上石头，不使泥螺从盐水中浮起。腌制时间约为半个月。

（5）分级：将腌制好的泥螺从桶中捞起，按规格分级，分别装入不同的坛、罐中。每个坛、罐不能装得太满，以便加卤。

（6）制卤：将腌制泥螺的盐水倒入锅中，加适量茴香、桂皮、姜片等，煮沸10分钟，经冷却、过滤，即为卤汁。

（7）加料：向泥螺坛、罐中加入卤汁至淹没泥螺，并加入泥螺重量5%的黄酒。

（8）密封：将加料后的泥螺坛、罐密封好，存放10天即成，就可以贮存或者出售了。

五、食用注意

（1）脾胃虚寒者慎食泥螺。

（2）重症肝病患者慎食或不食泥螺。

（3）春季应少食或不食泥螺。

（4）泥螺体表黏液及内脏中存在毒素，腌熟后可消除。有些人食用未经腌熟的泥螺会出现面部浮肿、足趾僵硬的症状，宁波人称为“发泥螺胖”，几天后，症状会消失，因此最好用醋蘸食。

（5）新鲜的螺肉最适合做食疗品以补阴虚，但伤风感冒未愈或脾胃虚寒者不宜食用过多。

泥螺山的传说

每当桃花泥螺和桂花泥螺上市，浙东老百姓都抢着吃这两种泥螺。此事震动了天庭。“千里眼”报告给玉皇大帝和王母娘娘说：“浙江沿海成千上万人都在吃一种小小东西，味道好极了。”王母娘娘觉得好奇，天底下难道还有比天上更好吃的东西吗？于是马上召开天庭大会，问众神仙：“你们有谁知道浙东老百姓吃的一种东西是什么？能否给本宫弄一些来尝尝？”太白金星呈奏说：“这事有何难呢？微臣愿去东海，定让娘娘满意。”

太白金星奉旨到了东海海面，用乾坤圈一指，万道金光射向海面。海下泥螺王正在修行，发现有一道金光射来，他猜测一定是神仙来临，顷刻跃出海面，急忙朝拜。“神仙有何指点？”“你这里有什么好吃的东西？请呈上来！”太白金星下了命令。泥螺王立即手捧一盆桃花泥螺和一盆桂花泥螺给太白金星。太白金星看了看微笑着说：“原来是这个玩意儿。”

王母娘娘当时心情不好，胃口也不好，吃不下饭。当她看到这两盆异香扑鼻、又红又黄的泥螺时，就吃了起来，吃着吃着突然感到心情舒畅，又多吃了两碗饭，忙对众神仙说：“好吃得很。”并发给每位神仙一粒，大臣们也觉稀奇，跪拜在地，齐声祝娘娘万寿。从此，她每年都叫太白金星去泥螺王处取泥螺。

一年一年过去，天庭所需泥螺数量越来越大，有一次王母娘娘竟派弥勒佛用“乾坤袋”去装。泥螺王觉得此事不妥，若天庭长期来要，我的子孙必定绝迹，只有我圆寂之后，才能解决这个问题。一次太白金星又来向泥螺王要泥螺，可发现泥螺王已长逝，只好空手回天庭向王母娘娘汇报。

王母娘娘获知是自己太贪吃泥螺之故，从此，就再也不吃泥螺了。为报答泥螺王向天庭朝贡泥螺的功绩，她发了一道圣旨给太白金星，在东海上造一座山，把泥螺王安葬在山里，让泥螺王永远保护着他的子子孙孙……此山就名“泥螺山”，远看真的像一只大泥螺伏在海中。

海粉

大海作锅地当灶，海兔妈妈做面条。
里里外外一把手，不烦他人作代劳。

——《海挂面》童谣

一、物种本源

拉丁文名称，种属名

海粉，中药名，属于腹足纲无楯目海兔科海兔属动物蓝斑背肛海兔（*Notarchus leachii cirrosus*）的卵群带。别名红海粉、海粉丝、海拉面。

形态特征

优质的海粉呈青绿色，细索状如挂面，长为120~926厘米，扭曲呈不规则的变形为佳。卵囊在胶质带里呈螺旋形排列，每1厘米的卵群带平均含35个卵囊，每个卵囊约含20个卵子。

习性，生长环境

蓝斑背肛海兔是杂食性的，常吞食泥沙，刮食大量底栖硅藻、有机腐殖质，撕食各种藻类。蓝斑背肛海兔的侧足后端无游泳能力，只能以宽大的腹足在海涂或海藻上爬行。由于水温和食料条件的变化，该海兔有成群移动的现象，特别是性成熟时，群聚现象更为显著。栖息在潮下带的海涂或海藻上，产卵季节爬行于潮间带。蓝斑背肛海兔是太平洋西部热带和亚热带分布较多的一种，我国东南沿海地区均有分布。

二、营养及成分

经测定，海粉含有一定量的维生素A、维生素B_1、维生素B_2、维生素E，以及多种氨基酸和微量元素。每100克海粉主要营养成分见下表所列。

灰分	33.7克
蛋白质	31.6克
脂肪	9.2克

三、食材功能

性味 味甘、咸，性寒。

归经 归肺、肝经。

功能

（1）海粉，有清热、消肿、平喘、止咳、软坚的功效，对发烧咳嗽、疳积火眼、咽肿、疮肿等有食疗保健促康复之效。

（2）目前有研究表明，海粉具有清凉、解热和消炎等功效。在我国南方沿海地区，居民还用它制作清凉饮料，是酷暑季节人们“药、膳、饮”三用的天然食品。

（3）海粉对治疗肺燥咳喘、瘰疬、鼻血、火眼等疾病有效，还对治疗锅炉高温作业者职业红眼病有显著的辅助康复的作用。

四、烹饪与加工

海粉瘦肉汤

（1）材料：海粉、里脊肉、盐、淀粉、食用油等。

（2）做法：海粉清水浸泡30分钟左右；切好的里脊肉丝放入淀粉、

海粉瘦肉汤

海粉排骨汤

盐拌匀备用。在锅里放入适量清水，水沸后放入海粉；煮几分钟后，放入肉丝、食用油、盐，沸腾后即可。

海粉排骨汤

（1）材料：海粉、排骨、葱、姜、盐等。

（2）做法：海粉清水泡发半个小时。排骨切块沸水焯一遍，去杂质后放入高压锅里；再倒入清水，放入葱和姜，煮半个小时左右。海粉泡好后，放入勺子里，慢慢用水将杂质冲走，至到没有杂质浮出水面即可。等排骨汤好，加入海粉，再煮大约10分钟，撒盐即可食用。

海粉采集加工

2—3月及9—10月海兔产卵期间，于潮间带插入竹竿或投入石块，便于海兔卵附着其上，然后收取、晒干。

五、食用注意

（1）海兔富含胆固醇，因此高胆固醇血症、高甘油三酯血症患者不宜食用；此外，需要注意的是，海兔的皮肤组织和体内含有有毒物质，其要经过专业处理后，才可食用。

（2）海粉性寒、滑，脾虚者勿食。

（3）肺炎、痰湿盛者忌食。

海　兔

海兔，腹足纲海兔科动物的统称。体呈卵圆形，头颈上有触角和嗅角各一对。足宽，两侧足叶发达，用以游泳。海兔没有石灰质的外壳，而是退化成一层薄而透明、无螺旋的角质壳，被埋在背部外套膜下，从外表根本看不到，而是在背面由一层薄而半透明的角质膜覆盖着身体（这一点和蛞蝓相同，故又名海蛞蝓），薄薄的壳皮一般呈白色，有珍珠光泽。体内有墨囊，遇敌即放出紫色液汁。摄食海藻、小型甲壳类、贝类。雌雄同体，春季到近岸交尾产卵，卵群呈细索状，称“海粉”。其味美，医药上用作清凉剂。可在福建沿海进行人工养殖。养殖的种是蓝斑背肛海兔。这类动物广布世界各暖海。中国已知有17种。

香螺

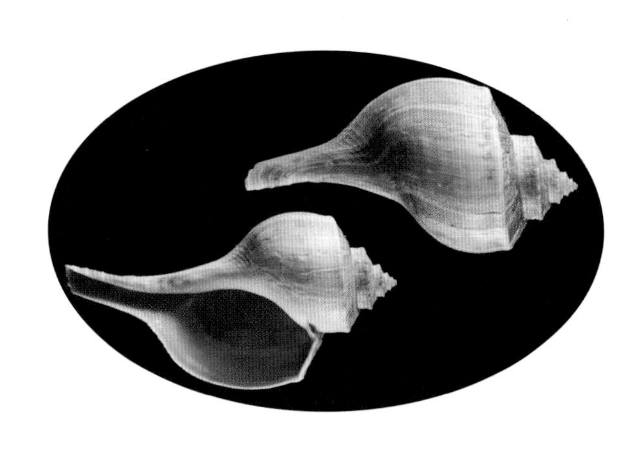

香螺酌美酒，枯蚌藉兰殽。
飞鱼时触钓，翳雉屡悬庖。

——《园庭诗》（节选）
（南北朝）庾信

一、物种本源

拉丁文名称，种属名

香螺（*Neptunea cumingi*），为腹足纲狭舌目蛾螺科香螺属动物，又称响螺。

形态特征

香螺属于中、大型贝类，较长，贝壳圆胖而厚重。整体呈长双锥形，有八个螺层左右。壳顶的第1个螺层甚小，为胎壳，以下逐渐增大；体螺层最大，体螺层长度达壳全长的2/3。纵肋在壳顶以下的第2~5个螺层较为清楚，各螺层表面肩部以上有3~5条螺旋状的螺肋排列，而螺肋之间还有细螺肋存在，肩部以下有2条螺旋状的较粗螺肋。各螺层间有缝合线区分开来，螺层外貌为谷仓形，因此螺层的肩部很明显，而具有多个扁三角形的突起。贝壳颜色为肉色，表面有土棕色、绒布状感觉的壳皮。

习性，生长环境

香螺栖息于潮下带较深沙泥质海底，海底拖网常采到。其为肉食性或腐食性，主要食物为双壳类，喜食底栖性贝类或死亡的鱼类。在夏季，会在海底产下大型卵块，且索饵或产卵时可作短距离移动。香螺平时生活较分散，产卵时特别集中。香螺为我国特有种，产于黄海、渤海，主要分布于广东、福建、辽宁、山东等地。

二、营养及成分

据测定，香螺含微量的维生素A、维生素B_2、维生素B_3，还含有钙、磷、铁、镁、锌、锰、铜、硒等矿物质，此外尚含多种氨基酸等。每100克香螺主要营养成分见下表所列。

蛋白质	22.7克
碳水化合物	10.1克
脂肪	3.5克
灰分	2.1克

三、食材功能

性味 味甘、咸，性寒。

归经 归肝、胃经。

功能

（1）香螺肉可清肺热、胃热、利尿益气，对肺热咳嗽、肺痨、消渴、胃胀、胃痛、胃热、嘈杂、油腻过多引起的饱胀、多年眼痛等病症有食疗促康复的功效。

（2）香螺肉含有丰富的蛋白质、维生素、氨基酸，可养胃、健脾、生津益血，对肺虚咳嗽、热毒肿痛、食欲不振、消化不良、小便不畅等症有食疗促康复的功效。

四、烹饪与加工

醉香螺

（1）材料：香螺、料酒、盐、味精、葱、姜、蒜、卤汁等。

（2）做法：香螺加料酒和盐腌制；锅内加入适量的水、料酒、盐、味精烧成汤汁；倒入香螺，烧至成熟，加入切好的葱段、姜片、蒜片即可。出锅后，放在容器内，加入适量的卤汁腌制24小时后即可食用。

醉香螺

香螺刺身

（1）材料：香螺等。

（2）做法：香螺洗干净备用。起锅，加适量冷水，烧开；香螺放入开水中煮20～30分钟；铺好冰块，摆盘点缀即可。

香螺刺身

五、食用注意

（1）脾胃虚寒者及寒痢者忌食香螺。

（2）香螺需煮熟了食用，这样可避免新鲜香螺内的有害菌侵害人体。

（3）有感冒症状的患者不宜吃香螺，会加重病情。

（4）肠胃不适的患者不宜吃太多香螺，多食会造成消化不良等症状。

七十二香螺的传说

很久以前，海边住着七十二位香螺姑娘，她们修炼了九千九百九十九年，个个都变得比月宫里头的嫦娥还漂亮。每天早晨，她们喜欢披着浪花织成的白纱，在海水里嬉戏、跳舞；每天傍晚，她们喜欢扯几片云朵，在金色的海水里洗澡、理妆；而到了夜间，她们又嬉笑着游到用珊瑚、翡翠、珍珠做成的香螺宫里去了。

谁也记不清是哪一年，突然从南边游来了九条恶龙，它们领着许多妖怪，兴风作浪。海边的人有的被淹死，有的抱着块木板在水里乱漂，还有的人爬在树梢上，哭的哭，叫的叫，真的是哀鸿遍野。

七十二位香螺姑娘，怎么能忍心呢？她们决心和九条恶龙拼个死活。但等她们游上水面时，九条恶龙已窜到别的地方去了，只听见满是老百姓的呼救声。其中一位叫翠螺的姑娘对众姐妹说："现在救人要紧呀，我们快把螺壳脱下来，把它们变成七十二条大船吧。"说起这螺壳，可是她们的命根子呀，要把壳脱下来，比剥皮还要痛苦千倍万倍，要是一天回不到壳里去，这七十二位香螺姑娘就是再修炼个九千九百九十九年，也回不得香螺宫了。

但是，望着正在水里挣扎、呼救的老百姓，七十二位香螺姑娘哪还顾得上自己呢？她们咬紧牙关，忍住挖心掏肝般的疼痛，把螺壳脱了下来，一齐喊了一声："变！"顷刻间，海面上浮现七十二条很大很大的船，七十二位天仙般的姑娘扯起风帆，在海里奋力抢救灾民。

她们打捞了七天七夜，救上九千九百九十九个人。最后，因为疲劳过度，她们全都昏倒在船上。

七十二位香螺姑娘，又对着大船一齐喊了声：“变！”顷刻之间，海面上突然出现一座蓬莱仙岛似的山，上面有七十二个山峰，各不相同。七十二位香螺姑娘一齐把自己青丝般的头发拔了下来，撒在七十二个山峰上，变成了青松、翠竹、麦苗、瓜果……她们又把自己身上那比彩云还美丽的衣裙撕碎，抛在七十二个山峰上，变成了牡丹、金桂、杜鹃、紫藤、芙蓉……她们的汗水滴在山上，聚在一起，流呀、流呀，变成一条条晶莹发亮的小溪，在岩石上、青草间，弯弯曲曲地穿行着。一个小小岛被她们打扮得多么美丽呀！那些被救的灾民从此就在这座美丽的岛上幸福地耕耘、生活。

瓜螺

轻羽不高翔，自用弦纲罗。
织鳞惑芳饵，故为钓所加。
螺蚌非有心，沉迹在泥沙。
文无雕饰用，味非鼎俎和。

——《咏螺蚌诗》
（南北朝）谢惠连

一、物种本源

拉丁文名称，种属名

瓜螺（*Cymbium melo*），为腹足纲狭舌目涡螺科瓜螺属动物，又名锤螺、油螺、红塔螺。

形态特征

鲜活的瓜螺体螺层膨大，螺旋部极小，足肥大，壳面光滑而薄壳皮，无异味者佳。壳呈椭圆形或近球形，质地牢固，一般高为160～257毫米，宽为112～178毫米，螺旋部分很小，几乎被螺层覆盖，只有乳头状的壳顶部略微暴露。幼螺通常有大的红棕色斑块，成年螺后通常消失。壳表面光滑，生长线细且密。壳口大，呈椭圆形，内部为鲜橙色，外唇为弯曲，薄且易损坏；内唇略厚，扭曲并紧贴身体螺旋层。下部有4个明显的褶皱。前槽短而宽，并且凹进去，形成1个大的凹口。

习性，生长环境

瓜螺生活于较深的浅海泥沙质海底，肉食性，主要分布于我国广东、福建、台湾等沿海地区。

二、营养及成分

据测定，瓜螺含一定量的维生素A、维生素B_1、维生素B_2、维生素B_3、维生素E，以及钾、磷、镁、锌、铜、铁、锰、硒、碘等。每100克瓜螺部分营养成分见下表所列。

蛋白质	12.6克
碳水化合物	6.6克

灰分	3.2克
脂肪	0.6克

三、食材功能

性味 味咸，性平。

归经 归肝、胃经。

功能

（1）瓜螺利湿热、治黄疸、祛丹毒。

（2）对腹中积热、眼泡黄肿、脚气上冲、小腹拘急、小便短赤等有食疗助康复之效。

（3）瓜螺富含人体必需的氨基酸，接近联合国粮农组织制定的最优质蛋白质最高标准。其蛋白质中含量较高的谷氨酸，具有补肝、益肾、明耳和生津的食疗效果。

四、烹饪与加工

瓜螺滋补汤

（1）材料：瓜螺肉片、蜜枣、淮山药、枸杞、玉竹、盐等。

（2）做法：瓜螺取肉、洗净切片，螺肉片稍微焯水，控干。汤锅中加入适量水烧开，放入蜜枣、淮山药、枸杞、玉竹，文火慢炖1小时，加入盐调味，即可食用。

瓜螺滋补汤

脆片螺肉

（1）材料：瓜螺、黄瓜、红辣椒、葱、花椒、食用油、盐等。

（2）做法：黄瓜洗净切片，黄瓜切片用盐腌制半小时去水，腌制后的黄瓜片用手捏干、晾晒。瓜螺剥出螺肉、洗净粘液，切片；螺肉片稍微焯水，过凉开水，控干。红辣椒切成椒圈，葱切段。炒锅起油，下葱段和花椒，微火炸油（炸过后的葱段和花椒捞出）；放入黄瓜和红辣椒，大火稍微翻炒，加入螺肉后继续翻炒，螺肉炒熟后加盐拌匀即可。

脆片螺肉

五、食用注意

（1）脾胃虚、外感风寒者不宜食瓜螺。

（2）瓜螺不易消化，切勿过食。

海螺仙子的故事

很久很久以前，南戴河一户单姓渔民在海里捕捞到一个很大的海螺，回家后把海螺放入盆中，只见盆中海水被映得五颜六色。一天，夜暗星稀，细雨蒙蒙，盆里的仙螺彩光频闪，随彩光升起一个亭亭玉立的女子，眉清目秀、黛发油亮，十分靓丽。后来渔民的儿子海娃和螺女在简陋的房子里结成了夫妻。

从此以后，海娃早出晚归下海捕鱼，勤劳不辍，螺女持家奉母，十分勤快。螺女还常常为苦难的渔民治病、送粮，还冒着风雨搭救遇险的落水者。渤海龙王发现仙螺不在身边，命海龟丞相寻找。龙王得知海螺仙子的下落后大怒，下令捉拿仙螺回宫。众虾兵来到海螺仙子家一拥而上，抓了螺女便走。海娃闻听，拿起渔叉急忙追赶，大战虾将，直打得昏天黑地。这时，宫门大开，龟丞相告诉海娃，仙螺已经被压在了海中的孤岛里。

南戴河的父老乡亲为铭记螺女的恩德，就把这座孤岛叫作“仙螺岛”，在岛上修了一座“海螺仙子”的汉白玉雕像，让螺女站在“仙螺岛”上，深情地望着南戴河，直到现在。

鱿鱼

想则想岭南幽静乡，赏则赏鹅城秀色装。
爱则爱西湖奇景美，惊则惊荃海海浪狂。
最难忘对海高腔，举杯欢唱，
恰似那赤蟹鱿鱼味美长。

——《后庭花》（现代）仙吕

一、物种本源

拉丁文名称，种属名

鱿鱼，学名为枪乌贼（*Loligo chinensis*），头足纲枪形目枪乌贼科动物，日常食用的鱿鱼种类大多为中国枪乌贼。

形态特征

人们常称鱿鱼为鱼，但其实它们并不是鱼，是一群在海洋中生活的软体动物。

鱿鱼又细又长，形状呈现长锥状，以磷虾、沙丁鱼、银汉鱼、小公鱼等为食，本身又为凶猛鱼类的猎食对象。鱿鱼整体分为头部、颈部和躯干，依靠其体内的两片发达的腮进行呼吸。在头部两侧，有腕足围绕在口周围，还有一双视力发达的眼睛。

习性，生长环境

鱿鱼常活动于浅海中上层，垂直移动范围有百余米。鱿鱼主要分布于我国渤海、福建南部、台湾、广东和广西近海等地区。

二、营养及成分

经测定，鱿鱼含一定量的维生素A、维生素B_1，铁、钙、锰、磷、硒、锌等元素。每100克鱿鱼干部分营养成分见下表所列。

蛋白质	17.7克
脂肪	1.7克
灰分	1.2克
碳水化合物	0.7克

三、食材功能

性味 味咸，性平。

归经 归肝、肾经。

功能

（1）有助于治疗贫血等症。鱿鱼含有大量的磷、铁等微量元素，有利于脊髓造血以及骨骼发育。

（2）抗病毒、抗射线。鱿鱼含有丰富的硒类、多肽，具有抗射线、抗病毒的作用。

（3）研究发现，鱿鱼体内胆固醇的含量虽然较高，但是其体内同时存在着一种物质——牛磺酸，可以抑制胆固醇在人体血液中的集聚。只要食物中牛磺酸与胆固醇比值不超过2.0，对血液中胆固醇含量就没有影响。由此可见，人们在食用鱿鱼时，大可不必担心体内血液中胆固醇的浓度因摄入鱿鱼而有所提高。

四、烹饪与加工

芥蓝炒鱿鱼

芥蓝炒鱿鱼

（1）材料：鲜鱿鱼、香菇、芥蓝、菜籽油、猪油、葱、盐、料酒、白糖、淀粉、胡椒粉、鸡精等。

（2）做法：将鲜鱿鱼改刀切成3~5厘米长的斜方块，水开后下锅焯1~2分钟，捞起、沥干，香菇、芥蓝洗净后切片备用。锅烧热，加入适量菜籽油、一勺猪油，待油烧热后下入葱段、香菇、芥蓝煸炒至水分蒸发近干。然后，锅中加入适量的清水和盐，料酒去腥，白糖提鲜后煮开，再倒入鱿鱼炒匀，倒入淀粉水进行勾芡。最后，加入适量的胡椒粉、鸡精翻炒均匀即可装盘。

铁板鱿鱼

（1）材料：鱿鱼须、食用油、调味料（五香粉、辣椒粉、味精、精盐、鸡精、蒜泥、白糖、料酒、淀粉）、孜然粉、飘香酱等。

（2）做法：将鱿鱼须与调味料混和拌匀，腌制半小时。用竹签将鱿鱼须穿成串。铁板烧热，刷上食用油，鱿鱼串放在铁板上烤制，控制火候，不断翻动、刷油，其间在鱿鱼表面撒上孜然粉，烤制好后刷上一层飘香酱。

铁板鱿鱼

鱿鱼干

鱿鱼原料→解冻→去皮→切块→调味→蛋白酶处理→预冻→冻干。

五、食用注意

（1）鱿鱼性凉寒，脾虚胃寒的人应少吃。同时，因鱿鱼是发物，荨麻疹、湿疹等患者应忌食鱿鱼。

（2）鱿鱼煮熟煮透方可食用，若食用未煮熟煮透的鱿鱼，可能会导致肠道运动失衡，出现腹痛、腹泻、呕吐等症状。

（3）痛风及糖尿病患者慎食鱿鱼。

北海鱿鱼丝的传说

很久很久以前，在北海边上住着一个以打鱼为生的小伙子。小伙子为人善良，常常将自己吃不完的海鲜送给邻里街坊。

一天，小伙子一条鱼也没捕捉到，甚至连小小的海贝也没有。天越来越黑了，小伙子就拎着一张空空的渔网回家了。第二天，他同样什么收获也没有，好在小伙子也不甚在意，觉得有时候捕捞不到鱼也是正常的。这样的情况一直持续了好多天，终于连这性格温和的小伙子也开始焦躁了。

这天，小伙子一边拿着渔网，一边嘀咕："最近这几天怎么回事呢？怎么一条鱼都捉不到了，是不是得罪了海神，海神正开罪我呢？"忽然，他看见远处海面上漂着一个东西，他想不会真是海神要惩罚他吧？小伙子尽管心里很害怕，但还是哆嗦着划船过去。眼看着船越来越近了，东西也越发清晰了，怎么越看越像个姑娘？好不容易船靠近了，哎呀，真是个姑娘啊，也不知道落水多久了。憨厚的小伙子手忙脚乱地将那落水姑娘拉上船。一探这姑娘的鼻子，发现还有气息，估计是刚落水没多久，不过是呛了点水，晕过去了。小伙子赶紧将船往回划。回到家之后，小伙子请隔壁家的王大婶来照顾这位姑娘。不多久，姑娘就醒了，可一醒就号啕大哭起来。一问才知，原来这位姑娘是随家人出海游玩，可经过一片海域时，出现了一帮海盗。这帮海盗二话不说，登船就抢东西，好在姑娘的父母及时推了她一把，她因此落水逃走，保住了性命。而姑娘的家人却不幸全部遇难了，姑娘说到伤心之处泪如雨下。看这位姑娘如此伤心，也无处可去，小伙子便让她住了下来。

说也奇怪了，自从这位姑娘住下之后，小伙子每天的收获都异常丰富。于是，姑娘在家就将那些吃不完的鱼虾进行腌制，随着腌制的鱼虾越来越多，姑娘慢慢掌握了诀窍，做出来的腌制品也越来越好吃，特别是鱿鱼丝，味道尤其鲜美。就这样，一传十，十传百，不知不觉间，姑娘腌制鱿鱼丝的名气越来越大。邻居们都亲切地称姑娘为“鱿鱼娘子”。“鱿鱼娘子”所做的鱿鱼丝让好多人垂涎。就这样，北海边的人们也开始自己制作鱿鱼丝，而北海鱿鱼丝的制作工艺也一直流传至今。

墨鱼

墨鱼黑覆形，火萤明照身。
拙于用显晦，踪迹徒自陈。

——《演雅十章（其十）》（南宋）张至龙

一、物种本源

拉丁文名称，种属名

墨鱼，学名为乌贼，是头足纲乌贼目乌贼科动物，也称为乌贼鱼、墨斗鱼、花枝，中国沿海常见的为金乌贼（*Sepia esculenta*）和曼氏无针乌贼（*Sepiella maindroni*）。

形态特征

墨鱼与章鱼是近亲。墨鱼身体构造从上至下可划分为头、足和躯干三个部分。墨鱼的身体看起来类似橡皮袋，其可将内部器官包裹于袋内，而且它有1个船形的石灰质护套。墨鱼身体的左右两侧有肉鳍，相当于内脏团的躯干呈椭圆形。它的躯干含有10条腕，其中8条较短的腕为短腕，另外2条常作捕食之用的长触腕为长腕。这2条特殊且伸缩自如的长腕，只有前内侧有吸盘，一方面可用来游泳，另一方面可起到支撑的作用，从而保持身体的平衡。与躯干相比，它的头较短，但其头部两侧眼睛发达。头顶上方长有嘴巴，嘴角内含有角质颚，用来撕咬食物。

习性，生长环境

墨鱼的主要食物为甲壳类、小鱼或其他软体动物，而其视大型水生动物为主要敌害。其若与敌害相遇，会喷出墨汁，然后趁机逃脱，因此人们通常认为它是头足类动物中最杰出的“烟幕专家”。墨鱼普遍在春、夏季繁殖，产卵100~300个。墨鱼的肉可食用，墨囊内的汁液可制成墨水，并且内壳可喂食鸟类以补充钙质。

墨鱼生活在高盐温暖的海洋中，近海、远洋，水上层、海底等处均有分布，常栖息于隐蔽物较多的地方。

二、营养及成分

1. 鲜墨鱼（曼氏无针乌贼）

经测定，鲜墨鱼含有一定量的牛磺酸、微量元素、维生素、氨基酸等。每100克鲜墨鱼部分营养成分见下表所列。

蛋白质	16克
灰分	1.5克
碳水化合物	0.6克
脂肪	0.3克

2. 墨鱼干（曼氏无针乌贼）

经测定，每100克墨鱼干主要营养成分见下表所列。

蛋白质	65.3克
灰分	5.9克
碳水化合物	2.1克
脂肪	1.9克

三、食材功能

性味 味甘，性平。

归经 归肝、肾经。

功能

（1）补血作用。因为墨鱼具有很好的补血功能，所以对于血虚症或者月经失调的女性来说，经常食用，具有止血调经的作用，而且对妇女

带下清稀、腰痛、尿频等也有好处。

（2）缓解疾病。墨鱼中富含牛磺酸，牛磺酸可以加速胆固醇的代谢，因此经常食用墨鱼可使血液流动更加顺畅，从而预防相关疾病；也可以起到改善人的心脏和肝脏功能的作用；此外，还对视力恢复有一定好处。虽然人体本身也可以形成牛磺酸，但量太少，大多需要依靠食物摄入来满足人体需求。

（3）帮助减肥。牛磺酸是一种结构简单的含硫氨基酸。大量研究表明，其具有多种生理活性，可促进人体分泌胆汁及胆汁酸。因此，经常摄食含有丰富牛磺酸的食物，有助于分解肝脏中的中性脂肪，甚至还能起到帮助肝脏排出脂肪的作用。

四、烹饪与加工

凉拌墨鱼

（1）材料：墨鱼、洋葱、红椒、料酒、姜片、葱段、香菜、白芝麻、酱油、醋等。

（2）做法：墨鱼洗净，去骨、腺和皮后焯水，同时加入料酒、姜片、葱段，捞出、沥水、晾凉。将墨鱼切成块状，放入盘内，加入适量的香菜、洋葱、红椒、白芝麻、酱油、醋等拌匀即可。

凉拌墨鱼

炒墨鱼仔

(1) 材料：墨鱼仔、豆瓣酱、姜、蒜、香菜、辣椒、糖、盐、料酒、食用油等。

(2) 做法：洗干净墨鱼仔，开水氽烫后，捞出过凉水沥干备用。姜切丝，蒜、香菜切碎，辣椒切斜刀。油锅烧热，放入姜丝、碎蒜煸炒出味，放入墨鱼仔和所有调味料炒入味，放入香菜碎和辣椒块炒匀，即可盛盘。

墨鱼酱

取墨鱼头部→切丁→保水

↗　　　　　↘

冰鲜墨鱼→洗净→取墨→调配→混合、灌装→灭菌、冷却→墨鱼酱。

五、食用注意

墨鱼肉属于发物，哮喘、淋巴结核、糖尿病、红斑狼疮、慢性肾炎、皮肤瘙痒性疾病等患者，以勿食为宜。

传说故事

秦始皇与墨鱼的传说

关于墨鱼的来历，有一个特别的传说。相传，秦始皇巡游东海时，眺望碧波万顷的大海，只见鱼跃虾跳、海鸥低翔、渔帆点点、网撒浪丛，一派升平景象。秦始皇一时兴起，将随身携带的用来盛装墨、砚的袋子抛入海中。没想到这袋子入海后竟化成了墨鱼，成为东海鱼类和海生动物大家族中的一员。墨砚袋化作了墨鱼，其形未变，仍呈袋状，两根长须为墨砚袋之绳带；因袋口未全松开，其袋内之墨未丢，变为墨鱼腹中之宝，每遇敌手侵害，即放囊中之墨，把水搅浑，乘机逃生。

唐氏段成式所撰的《酉阳杂俎》中记载："乌贼，旧说名河伯度事小吏（管钱物的官）……海人言，昔秦皇东游，弃算袋于海，化为此鱼，形如算袋，两带极长。"说的就是这个故事。

章鱼

人道章鱼料事高，头足纲中领风骚。
八触道尽天下事，红螺壳中命常消。

——《戏说章鱼》（现代）石斋

一、物种本源

拉丁文名称，种属名

章鱼为头足纲八腕目章鱼科（蛸科）中26属动物的通称。章鱼又称八爪鱼、石居、死牛等。我国常见的有真蛸（*Octopus vulgaris*）、短蛸（*Octopus ocellatus*）等。

形态特征

章鱼呈短卵圆形，囊状，无鳍；头与躯体分界不明显，章鱼的头胴部长7~9.5厘米，头上有大的复眼及8条可收缩的腕。每条腕均有两排肉质的吸盘，短蛸的腕长约12厘米，长蛸的腕长约48.5厘米，真蛸的腕长约32.5厘米。腕的基部与称为裙的蹼状组织相连，其中心部有口，口有一对尖锐的角质腭及锉状的齿舌，用以钻破贝壳，刮食其肉。

习性，生长环境

肉食性，以瓣鳃类和甲壳类（虾、蟹等）为食，亦食浮游生物。大部分章鱼用吸盘沿海底爬行，但受惊时会从体管喷出水流，从而迅速向反方向移动。章鱼遇到危险时会喷出墨汁似的物质，有些种类产生的物质可麻痹进攻者的感觉器官。章鱼喜爱各种器皿，渴望藏身于空心的器皿之中，其不只爱钻瓶罐，凡是容器，都爱钻进去栖身。

章鱼分布于从北海南部到南非等地区，也出现在地中海，乃至英国东北端，沿着南方和西南方的海岸线生活。

二、营养及成分

经测定，章鱼含有一定量的维生素A、维生素B_1、维生素B_2、维生素B_{12}，钾、镁、铁、锰、锌、铜、磷、硒等物质。此外，还含有牛磺酸

和钙等物质。每100克章鱼部分营养成分见下表所列。

蛋白质	10.6克
灰分	1.7克
脂肪	0.4克

三、食材功能

性味 味甘、咸，性寒。

归经 归胃经。

功能

（1）防止动脉硬化。章鱼含有牛磺酸，可防止胆固醇的沉着，防止动脉硬化。

（2）减少烟草对肌体的毒害。章鱼体内的维生素B_{12}含量较高，可保护血红蛋白，防止血红蛋白与一氧化碳的结合，从而减轻烟草对肌体的毒害作用。

（3）降血糖、降血压。从章鱼体内提取出的多糖，有助于降血糖、降血压等，此外还能清除体内自由基。

四、烹饪与加工

红烧章鱼

（1）材料：章鱼、姜、葱、食用油、酱油、盐等。

（2）做法：章鱼洗切好后，用姜葱水煮熟，捞起；起锅，倒入适量食用油，放入章鱼，加少许盐、酱油，拌匀炒制2分钟即可，装盘。

红烧章鱼

凉拌章鱼

（1）材料：章鱼、姜、料酒、红油、小米椒、盐等。

（2）做法：章鱼洗净、对切；锅中加水、少许姜和料酒，水开放入章鱼煮3分钟，捞起；捞出后用冰水泡一会儿，切块；再加入红油、小米椒和盐拌匀，腌2小时可食用。

凉拌章鱼

章鱼干

原料→去内脏→清洗→分割→选别→串刺→蒸煮→冷却→清洗→沥水→炭烤→真空包装。

五、食用注意

章鱼民间多视之为动风海味食品，故慢性顽固湿疹等皮肤病患者忌食。

九月九，章鱼吃脚手

章鱼和鱿鱼、墨鱼是要好的朋友，他们都住在浅海里，每年秋去冬来、冬去春来时，要搬两次家。可是，章鱼对搬家这件事很不愿意。

这年，冬天快到了，鱿鱼和墨鱼来找章鱼，准备结伴搬家到南方去。章鱼不耐烦地说：“搬家搬家，真讨厌，反正明年春天还要回来，何必多此一举呢。”鱿鱼和墨鱼劝道：“不要怕麻烦，南边暖和，吃得好住得好，等过了冬天再回来。我们一同去，一同回，路上好互相照应。”

章鱼却很固执地说：“不，不，反正今年我是不搬了，要搬你们搬吧。”鱿鱼和墨鱼见章鱼一点也听不进去，不好勉强，只好撇下章鱼走了。

过了重阳，北风一吹，海水变冷。章鱼身上光秃秃的，没穿一件衣服，寒气阵阵袭来，他开始后悔了：要是听鱿鱼和墨鱼的劝告，与他们一起到南方去多好啊……他一边后悔，一边慢慢地爬上滩涂。这时，潮水退了，太阳把滩涂晒得暖烘烘的。它伸开长长的手脚，躺在滩涂上，全身感到舒服极了。章鱼得意地想：我这样不是很好吗？亏得没有走，否则，来回一趟，得花多大的精力啊！

章鱼躺在软软的滩涂上，越想越美，便迷迷糊糊地睡着了。也不知睡了多久，突然，一阵北风把它吹醒，耳边响着哗哗的声音，他连忙睁开眼一看，潮水涨了，太阳落山了，阵阵海浪打过来，冻得它瑟瑟发抖。他赶紧找个地方躲一躲，却见几只小沙蟹往泥洞里钻。他心想，这个办法不错，泥洞里一定比水里暖和。于是，他也挖了一个深深的泥洞，钻了进去。

已是寒冬腊月了，章鱼即使躲在泥洞中也抵挡不住刺骨的寒气，它的身子缩成一团，已没有力气出去觅食了。后来，连爬出泥洞晒晒太阳的勇气都没有了。肚子实在饿不过，它便糊里糊涂咬起自己的手和脚来。饿了，咬几口，饿了，又咬几口，就这样度过了一个漫长的冬天。

冬去春来，大地转暖。鱿鱼和墨鱼高高兴兴地从南方回来。他们想起分别了一个冬天的章鱼，便向鲳鱼打听他的下落，鲳鱼摇摇头，说没看见过。他们又去找鳓鱼打听消息，鳓鱼也摇摇头，说不知道他在哪里。鱿鱼和墨鱼急了，从深水找到浅海，从浅海找到滩涂边。突然，有一个圆滚滚的东西随着潮水漂来，他们迎上去一看，原来是章鱼。但是，章鱼的那副又长又美丽的脚和手都不见了，只留下短短的一截，鱿鱼和墨鱼都惊异地问道："章鱼呀，你为啥变成这副模样了呢?"章鱼羞愧地说："只怪我没听你们的话，不肯搬家。天一冷，我就躲在泥洞里不敢出来，饿不行只能把这手脚吃了。"鱿鱼和墨鱼见他这副可怜相，便安慰它不要难过，到下次搬家的时候，别再偷懒就是了。可是章鱼并没有接受这个教训，到了冬天，又赖着不搬家。结果，把新长出来的脚和手又吃掉了，年年如此，所以沿海一带流传着一句话叫："九月九，章鱼吃脚手。"

文蛤

车螯肉甚美，由美得烹燔。
壳以无味弃，弃之能久存。
予尝怜其肉，柔弱甘咀吞。
又尝怪其壳，有功不见论。
醉客快一瞰，散投墙壁根。
宁能为收拾，持用讯医门。

——《车螯二首（其一）》（北宋）王安石

一、物种本源

拉丁文名称，种属名

文蛤（*Meretrix meretrix*），为瓣腮纲帘蛤目帘蛤科文蛤属动物，又名黄蛤、大花蛤、圆蛤、泥泥歪。

形态特征

文蛤贝壳外形一般较大，表面膨鼓，呈三角卵圆形，壳质坚厚，表面平滑细腻，壳面具有一层褐色壳皮；轮脉清晰，由壳顶开始有锯齿状的褐色带，无放射肋。铰合部较宽厚，外面有一黑色外韧带连接双壳，并起张开双壳之作用。文蛤两年性成熟，雌性呈奶黄色，雄性呈乳白色。

习性，生长环境

文蛤有随水温变化和个体生长而移动的特性。冬、夏季向浅海区移动，春、秋季向上移动以利索饵。文蛤通常分泌胶质细带或囊状物使身体悬浮或半悬浮，借助潮水和足部伸缩而顺潮流方向移动。文蛤是滤食性贝类，以微小的浮游（或底栖）硅藻为主要饵料，间或摄食一些浮游植物、原生动物、无脊椎动物幼虫及有机碎屑等。

文蛤由于水管短，多生活在河口附近、沿岸内湾潮间带沙滩或浅海细沙底。文蛤分布于受淡水影响的内湾及河口近海，如辽宁营口沿海、山东莱州湾沿海、江苏南部沿海、广西合浦西部沿海等。其广泛分布于印度洋和太平洋海域，如朝鲜半岛西岸、菲律宾、越南等地。

二、营养及成分

据测定，文蛤含一定量的维生素A、维生素B_2、维生素B_3、多种氨基酸、琥珀酸等，此外还含钙、磷、铁、硒等矿物质。每100克文蛤部分营养成分见下表所列。

蛋白质	12.8克
碳水化合物	4.7克
灰分	1.5克
脂肪	0.7克

三、食材功能

性味 味咸，性寒。

归经 归胃经。

功能

（1）文蛤具有清热、利湿、化痰、软坚的功效，对口渴烦热、咳逆胸痹、瘰疬、痰核、崩漏等症有食疗促康复之效。

（2）文蛤的提取液对葡萄球菌有较大的抑制作用，对肺结核、淋巴结核、糖尿病、软骨病、双眼视物不清、夜盲症等疾病有辅助疗效。

四、烹饪与加工

文蛤豆腐汤

（1）材料：文蛤、豆腐、姜、葱、盐等。

文蛤豆腐汤

（2）做法：文蛤泡水吐沙，洗干净备用。豆腐切成丁状备用。在锅中放入适量的清水，加入切好的姜片；等水开后将文蛤放到锅中，接着加入豆腐再煮1分钟；最后放入葱花、盐等即可。

文蛤炒丝瓜

（1）材料：文蛤、丝瓜、蒜、盐、食用油等。

（2）做法：清水煮开，水开后加入文蛤，待文蛤开口后关火，晾凉，从壳中取出文蛤肉；丝瓜洗净后刮掉表皮，切成滚刀块。起锅倒食用油，油热后放蒜末，炒出香味后倒入丝瓜块，丝瓜炒到发软，放入文蛤肉，炒约2分钟；最后加入食盐，翻炒均匀即可。

五、食用注意

（1）脾、胃虚寒者不宜食文蛤。

（2）痰湿内盛及有宿疾患者慎食文蛤。

（3）女子月经来潮期应少食或不食文蛤。

（4）不宜生食文蛤，防止感染肝炎。

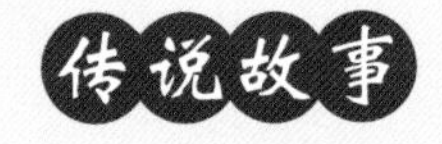

明朝正德皇帝与文蛤

相传，明朝正德皇帝喜欢到江南游春赏花。一年，他乘船驶进黄海，突遭暴风，漂流了3个昼夜，最后停到吕泗附近的秦潭村。又饥又渴的他便独自上岸觅食。

时值夜深，家家关门闭户，只有一扇窗口透出灯火。正德皇帝敲门进屋后，说明来意，正在织网的渔家女子秦娥便以一大碗大麦饭、一碗文蛤菠菜汤予以款待。皇帝一见热气腾腾、喷香扑鼻的渔家饭菜，便狼吞虎咽地吃起来。他不但把又鲜又美的文蛤菠菜汤喝个精光，还连声赞道："好鲜，好鲜，真是天下第一鲜。"

返回京城后，正德皇帝虽然又过上锦衣玉食的生活，可总也忘不掉那顿渔家饭菜，还怒斥宫中御厨不会做此菜。御厨们急忙踏上吕泗岛，挨家挨户，寻找秦娥姑娘，邀请她进京。

秦娥来到京城，教厨师做了几道文蛤菜。皇帝吃得津津有味，对秦娥又赐金银绢帛，又欲挽留。秦娥谢恩后道出家有老父，需尽孝。皇帝十分感动，亲自加封秦娥，并派官员护送其回乡。从此，"吕泗文蛤"名扬天下。

贻贝

河转曙萧萧，鸦飞睥睨高。
帆长摽越甸，壁冷挂吴刀。
淡菜生寒日，鲕鱼潠白涛。
水花沾抹额，旗鼓夜迎潮。

——《画角东城》
（唐）李贺

一、物种本源

拉丁文名称，种属名

贻贝（*Mytilus edulis*），为瓣鳃纲异柱目贻贝科贻贝属动物，又名海虹、东海夫人。

形态特征

贻贝壳呈楔形，前端尖细，后端宽广而圆。一般壳长6~8厘米，壳长小于壳高的2倍，壳薄。两壳相等，左右对称，壳面紫黑色，具有光泽，生长纹细密而明显，自顶部起呈环形生长。壳内面灰白色，边缘部为蓝色，有珍珠光泽。铰合部较长，韧带深褐色，约与铰合部等长。铰合齿不发达，后闭壳肌退化或消失。足很小，细软。

习性，生长环境

贻贝喜群栖于潮流急速、盐度稍高、水质澄清的海区。用足丝附着在固形物上，营附着生活。成体在适宜的环境中一般不移动，当外界环境发生对其不利的变化时，会折断足丝移往别处，重新分泌新足丝附着。贻贝对温度适应能力因种类不同而异，对低温的适应能力很强，对高温适应能力较差。主要以摄取海水中微小的浮游生物和有机碎屑为生。

在我国的黄海、渤海及东海沿岸都可以见到贻贝的身影。我国近海有30多种近亲缘贻贝科动物，而有经济价值的只有10多种。少数种类生活在内陆湖泊中，现浙江枸杞岛有数个万亩贻贝养殖基地。

二、营养及成分

贻贝含有多种维生素，如维生素A、维生素B_1、维生素B_2、维生素E

等，还含有钙、磷、钾、钠、镁、铁、锌、硒、铜、锰等。每100克贻贝部分营养成分见下表所列。

蛋白质	11.4克
碳水化合物	4.7克
脂肪	1.7克
胆固醇	123毫克

三、食材功能

性味 味咸，性湿。

归经 归肝、肾经。

功能

（1）贻贝甘咸温补，具有壮肾补阳、助阳益精、消瘿瘤等功效。对体虚、疲劳瘦弱、流虚汗、腰疼、呕血、崩尿、瘿瘤、肠疝气等症有积极的治疗作用。同时，瘦弱、疲惫、记忆力差的人，常食贻贝，具有较好的食疗效果。

（2）食用贻贝可改善精血不足、伤脾虚劳、腰酸肠鸣、久痢呕血等症状。明代医学家倪朱谟对贻贝的功效颇为称颂，在他看来，贻贝的肉，即“淡菜——养肾补虚之良药也”，是一味不可多得的药食同源之物。

（3）近年来，有研究表明，贻贝可作为动脉粥样硬化症、高血压症等患者的辅助治疗食物。

（4）贻贝对于胆固醇在肝脏内的合成有抑制作用，而对于胆固醇的排泄有加速作用，因而可使人体内胆固醇的含量下降。同时，对机体代谢活动、大脑发育具有显著的作用。

芝士焗贻贝

（1）材料：贻贝、洋葱、芝士碎、黄油、盐、百里香、白葡萄酒等。

（2）做法：洋葱切细丁，贻贝洗净摆盘；起锅，放入黄油烧热，加入洋葱丁，爆炒生香，加入盐和白葡萄酒调味；炒制好的洋葱铺在贻贝上，再撒上芝士碎；贻贝带盘放入烤箱，150℃烤20~25分钟，取出后撒上百里香。还可以用柠檬片、西兰花等做装饰。

芝士焗贻贝

贻贝粥

（1）材料：贻贝肉、淡菜、盐、姜、鸡精、麻油、米、香菜等。

（2）做法：贻贝肉洗净备用；取适量米洗净置于锅中，加入适量的水；煮沸后加入适量的淡菜和姜末，文火慢慢熬煮至粥完全黏稠，加入少许鸡精，淋入适量麻油，稍许香菜点缀，即可食用。

贻贝粥

贻贝肉的干制品——淡菜

原料→分粒洗刷→蒸煮→摘肉→烘干机烘干。

五、食用注意

（1）小儿痴呆症、急性肝炎等患者忌食。

（2）淡菜能补肾、填精，但久食、过食又会引起脱发、阳痿。

东海夫人的传说

在东海的众多贝类中，唯有贻贝被称为东海夫人，这是什么缘故呢？

据传，有一年，东海龙母生下小龙女，龙王视其为掌上明珠，南海的合浦龙母也送来一颗五彩珠母作为小龙女的贺礼。斗转星移，小龙女长到18岁。一天，她想与黄螺使女一起去海面游春，本以为海边无人，却意外碰见了来给母亲采食海鲜的孝子贝郎。慌乱中小龙女变成了一颗无壳的珠母，黏附在礁壁上。

贝郎看见礁壁上这个珠母美艳极了，便把它采下放在自己的小瓦罐里。黄螺使女见状大惊，她趁贝郎不注意时，悄悄地遁入海中去向龙王报信。

贝郎回到家中，就把珠母养在门外的一只海水缸里。夜里，小龙女化身一妙龄少女，从门缝中看见室内微弱的灯光下，有个老妪半卧于床上，侧身大口地吐血。贝郎一边为老母搓胸揉背，一边喃喃自语不停地祈祷。小龙女见此情景萌生悯爱之心。她敲门进入，称自己本是闽南名医之女，名为淡菜，一月前随父乘船到姑苏会师行医。谁知船到此处，触礁落海，父亲生死不明，而她却靠着一块船板，侥幸地死里逃生来到小岛。因深夜上岸，故前来敲门借宿。小龙女又借机询问了贝郎母亲的病情，然后她用随身携带的珍贵珠母煮水喂其母喝下，贝郎母亲顿感心胸舒畅，吐出一摊瘀血，病也好了大半。

第二天，左邻右舍闻讯后纷纷向小龙女求医。在小龙女的精心治疗下，村里的病者渐渐痊愈，淡菜仙子的美名也因此传扬开来。

日月如梭，转眼间三年过去了。在共同的生活中，小龙女与贝郎产生了感情，相敬相爱，在第三个龙抬头的日子里，他们成亲了。小龙女从此变成了东海夫人。

小龙女在人间三年，在龙宫即为三天。当黄螺使女急忙回宫报信时，龙王大为震惊。龙王发出十万火急令牌，命龟相蟹将以及众水族四处打听，当打听到小龙女身在贝郎居住的小岛时，就命黄螺使女送信给小龙女，叫她到龙牙礁相见。

此时，小龙女深知大难临头，因为她违反禁令，和人类成亲。但父命难违，她也更怕龙王惩罚贝郎与乡亲，为此，小龙女留下一张署名东海夫人的纸条给出海的丈夫，便匆匆赶往龙牙礁。一见面，父女俩抱头痛哭一番，互诉别后思念之苦。继而，小龙女告知一切后。龙王得知小龙女与人类贝郎成亲并暗结珠胎，不禁龙须飞喷，暴跳如雷。小龙女受到了严厉的惩罚：她被剥去龙鳞，逐出龙宫，罚为珠母，还要永遭水冲浪打、日晒雨淋！

而看到纸条的贝郎急忙飞舟来救，但为时已晚。为了小龙女三年深情，贝郎坠海而亡，化为一枚黝黑的贝壳，紧紧地把变成珠母的小龙女包裹起来，使之不再受日晒雨淋，免去水冲浪打之苦。从此，人们将贻贝称为“东海夫人”。

魁蚶

既然使尔住涂田，福祸随缘跟着变。
泥底何人知素洁，筵间有客捧红嫣。
纵教皓魄汤中散，不改芳名天下鲜。
如此一身谁得似，内涵柔美外贞坚。

——《魁蚶》（现代）左诗雯

一、物种本源

拉丁文名称，种属名

魁蚶（*Scapharca broughtonii*），为瓣鳃纲蚶目蚶科蚶属动物，又名瓦楞子、毛蚶、赤贝、瓦棱子、血蛤皮、瓦屋子。

形态特征

魁蚶壳最高达8毫米，最长达90毫米，最宽达80毫米。壳扎实厚重，斜卵圆形。壳顶部稍向前弯曲，位于略前端的中间壳的后边缘。壳面生长晶粒明显粗大，形成不均匀的同心环晶粒。无水管，潜居后仅后半部分露出。

习性，生长环境

魁蚶栖息于水深3~5米的软泥或泥沙底质水域海底。先以足丝附着在他物上，然后转入埋栖生活。主要食物为浮游硅藻类、有机碎屑。栖息地位于潮间带岩石缝间。黄海北部大连及丹东地区沿海为我国主要产区，山东文登、威海、石岛和天津塘沽等地也有一定产量。

二、营养及成分

在海洋贝类蛋白、脂肪的营养特征分布上，魁蚶具有高蛋白、低脂肪的特点。在氨基酸的种类组成上，不同地理位置的群落一共含有18种氨基酸，且这18种氨基酸的平均总氨基酸含量为每克魁蚶中含有702.8毫克，其中味觉氨基酸的平均含量占比为40%，必需氨基酸平均含量占比为34.8%，其所含的必需氨基酸指数（Leaa）高于大多数双壳类动物。在全国各大产地中，山东省出产的魁蚶的氨基酸含量和组成成分最为丰富。魁蚶肉美味可口，营养丰富，蛋白质含量高，氨基酸组成和配比合

理，是富含多种维生素和药用成分的食材。每100克魁蚶肉部分营养成分见下表所列。

蛋白质	10.5克
碳水化合物	2.2克
脂肪	0.7克

三、食材功能

性味 味甘，性温。

归经 归肺、肝、脾经。

功能

魁蚶对滋补血液不足、胃痛、消化不良、腹泻、阳痿、稀便、食少疲劳、麻木等症有辅助康复的效果。

四、烹饪与加工

芦笋炒魁钳

芦笋炒魁蚶

（1）材料：魁蚶、芦笋、红辣椒、姜、蒜、盐、蚝油、酱油、食用油等。

（2）做法：将新鲜的魁蚶取肉洗净，去除杂质；将芦笋斜切成段，红辣椒切圆段，姜和蒜切碎；锅中放入适量水，水沸腾后将芦笋放入锅中进行焯水处理，焯好水后将芦笋捞出控干水分；将魁蚶肉放入锅中用热水烫一下，然后快速捞出，时间不宜过长；炒锅中放入适量食用油，油热后放入姜和蒜爆出香味；将芦笋和红辣椒放入锅中翻炒几下后，将魁蚶肉放入锅中翻炒；放入适量蚝油，再放入少量酱油，将调味品和食材翻炒均匀即可装盘。

韭菜牛肉炒魁蚶

（1）材料：魁蚶、牛肉片、韭菜、盐、食用油等。

（2）做法：牛肉片提前用淀粉拌匀腌制。热锅放食用油，放入牛肉片翻炒至变色；放入切好的韭菜段翻炒几下后，再放入魁蚶肉，大火快炒；放入少许盐炒匀即可。

保健魁蚶肉干罐头

（1）预处理：将鲜活的魁蚶使用流水进行充分的刷洗，放入海水水池中暂养一天，使其吐出壳内泥沙。

（2）拌料：将吐出泥沙后的魁蚶清洗干净，置于沸水中，使其外壳打开；取出打开壳的魁蚶，丢弃未开口坏死的魁蚶；将开口后的魁蚶进行剥壳，取肉；取出的肉使用纯净水洗净，再将洗净后的魁蚶肉按照一定的比例加入预先配制好的中药腌制料液中，腌制3~5小时。

（3）干燥：魁蚶肉经过腌制后，放入干燥炉中，在15~20℃的条件下干燥10~20个小时。

（4）分装：对魁蚶肉进行真空包装再进行称重，最后使用60钴辐照灭菌。

五、食用注意

魁蚶性寒，脾胃虚寒、腹泻者忌食；腹部疼痛者忌食；女子月经期间及产后不可多吃；感冒者忌食。

“国姓蚶”的传说

一天，郑成功到白沙招军处视察，正巧碰上海霸郑占的两个管家抓来一个小女孩。女孩的母亲去年染病身亡，父亲体弱多病，三个弟妹年幼无知，全家下不了海、交不起税，小女孩只好偷着到海滩上挖小海蚶度日，被管家看见了抓来惩罚。

人们看到女孩被抓都很同情，有的说：“骑在渔民头上拉屎拉尿的渔霸都治不了，还投军干什么?”也有的说：“再坏也是族亲，一笔写不出两个郑字来。”郑成功见状，十分气愤，当下抓来郑占，命令他取消下海纳税的规定，让五马江畔诸乡的渔家船民自由下海捕鱼削蚝。他看到小女孩篓里的海蚶太小，便把海蚶撒向海滩，然后，令军士给小女孩一些钱和粮食，并当众宣布：“国姓兵驻扎在此处，各位父老乡亲、兄弟姐妹尽可放心，想下海干什么就干什么，谁也不敢再阻拦你们啦!”渔民乡亲见郑成功办事大公无私，纷纷把亲人送到招军处。

后来，渔民们发现郑成功撒在海滩上的小海蚶生长很快，年复一年地繁殖，遍布海滩，并成为沿海地区的美味菜品。渔民们说这是郑成功所赐，为纪念郑成功就叫它“国姓蚶”吧!从此，“国姓蚶”的名字传开了。这故事一直流传到今天。

河蚬

蚬鲜各所嗜，烹椒何需问。
水漂两片壳，荒年渡饥身。

——《蚬》（清）武志刚

一、物种本源

拉丁文名称，种属名

河蚬（*Corbicula fluminea*），为瓣鳃纲真瓣鳃目蚬科蚬属动物，又名蚬子、蚬、小歪歪。

形态特征

河蚬壳中等大小，呈圆底三角形，一般壳长在2厘米左右，壳高与壳长相近似。两壳膨胀。壳顶高，稍偏向前方。壳面有光泽，颜色因环境而异，常呈棕黄色、黄绿色或黑褐色。壳面有粗糙的环肋。韧带短，突出于壳外。铰合部发达。左壳具3枚主齿，前后侧齿各1枚。右壳具3枚主齿，前后侧齿各2枚，其上有小齿列生。闭壳肌痕明显，外套痕深而显著。

习性，生长环境

河蚬栖息于咸淡水和淡水水域内，穴居于水底泥土表层，以浮游生物为食，生长快，繁殖力强。除天然资源外，也适宜进行人工养殖。

河蚬广泛分布于我国内陆水域，也分布于俄罗斯、朝鲜、日本以及东南亚各国。

二、营养及成分

据测定，河蚬含一定量的维生素A、维生素B_1、维生素B_2、维生素B_{12}、维生素E，以及硒、锌、钾、磷、钙、铜等矿物质。每100克河蚬部分营养成分见下表所列。

蛋白质	15克
碳水化合物	3.7克
脂肪	3克
灰分	1克

三、食材功能

性味 味甘、微咸，性大寒。

归经 归脾、肾经。

功能

（1）河蚬对化痰、祛湿、呕吐、反酸、胃疼、干咳、咯痰、湿疮、溃疡等有食疗促康复之效。

（2）河蚬，是一类对治疗黄疸、肝脏疾病起有利作用的食品，其不仅富含维生素B_{12}，还含有肌醇，有利于体内脂肪的分解。维生素B_{12}与肌醇相结合，对肝脏的功能具有促进作用；还可增加人体血液中血红蛋白的含量，对贫血患者有益，因此它又被称为“红色维生素”。

（3）河蚬含有的营养成分含量较为均衡，可促进胆汁的分泌；其牛磺酸的含量也较高，可起到降低人体胆固醇的作用。此外，河蚬内所含蛋白质和人体必需氨基酸的比例与人体组织蛋白质接近，因此营养价值很高。

四、烹饪与加工

辣炒蚬子

（1）材料：河蚬、红干辣椒、香菜、葱、姜、蒜、郫县豆瓣酱、盐、酱油、蚝油、白糖、食用油等。

（2）做法：河蚬泡水，倒入两勺盐，静置两个小时左右，让其吐净沙子。准备葱、姜、蒜、香菜、红干辣椒。将水烧开，倒入洗净的河蚬，焯一下，大约半分钟就可以盛出来，再用清水清洗两遍。锅中倒入食用油，然后加入红干辣椒、两勺郫县豆瓣酱，炒出红油，再加入葱、姜、蒜爆香；将河蚬倒入锅中翻炒，加入两勺料酒、一勺蚝油、一勺酱油、一勺白糖、一小勺盐，翻炒几下再焖两分钟；加入香菜，翻炒几下即可。

辣炒蚬子

家常河蚬汤

(1) 材料：河蚬、葱、姜、蒜、盐、料酒等。

(2) 做法：将河蚬放入碗中，加少许盐，使其充分吐泥，并将其表面清洗干净。在锅内倒入约300毫升清水，将姜切丝后与剥好的蒜放入锅中，再将清洗好的河蚬也放入锅中，加少许料酒除腥；大火烧开，约三分钟后，河蚬开口后加盐，再撒上葱花便可食用。

家常河蚬汤

凉拌蚬子肉

（1）材料：河蚬、葱、尖椒、香菜、盐、香油、酱油等。

（2）做法：河蚬洗净吐沙后，下锅煮至河蚬开口后关火；河蚬放温后，把蚬肉一个个翻一下清洗。清洗好的蚬肉放入盘子里，再放入切好的尖椒丁、香菜末、葱末，放入盐、香油，少许的酱油拌匀即可。

五、食用注意

（1）河蚬不易消化，不宜多食。

（2）脾胃虚寒者慎食河蚬。

河蚬精的传说

一只美丽的大河蚬成了精。她向往人类的鸟语花香，喜爱人类的勤劳善良。于是在一个晚上，趁同伴们不注意，变成了一位俊俏漂亮的妙龄少女，来到人间。

且说书生孔玉帆，自幼失去父母，终日与纸墨为伴，埋头在书房读书。这天早晨，孔玉帆刚起床，猛觉彩光一闪，一位天仙般的少女端着洗脸水来了，然后嫣然一笑，转身走了出去。不一会儿，又端来美味佳肴，甜甜地对孔玉帆说："相公请用饭。"孔玉帆惊愕得不知说什么。一连几天，少女总是按时把饭菜送到。孔玉帆实在忍不住了，就向姑娘询问起身世来，姑娘对答如流。孔玉帆见她温柔善良，顿时产生了爱慕之情。在一个风和日丽的早晨，他们拜堂成了亲。

可是这位美丽灵巧的弟媳引起了嫂嫂的怀疑。一天，嫂嫂趁他们双双出去赏花之机，进了孔玉帆的书房，她在孔玉帆的书房门后发现了一对贝壳，心想：弟媳一定是个河蚬精。她打开柜子，把贝壳搁进去锁了起来。

孔玉帆和妻子恩爱相处，男的习文攻书，女的描龙织布，生活十分美满。后来，他们又添了一个小男孩，生活的乐趣更浓了。然而，就在他们欢欢喜喜庆祝孩子周岁生日的那天晚上，嫂嫂接过孩子，然后让孩子站在自己手上说："棱棱棱，棱棱棱，你娘是个河蚬精。"河蚬精一听自己的身世暴露了，此事若让水族娘娘知道，定斩不容，她假意问道："那河蚬精是什么样？"嫂嫂把孩子递给孔玉帆，转身跑进屋里，打开柜子，取出那对大贝壳说："你们看这是啥？"河蚬精伸手抢过贝壳，转眼间钻了进去，消失在茫茫的月色之中。孔玉帆抱着哇哇啼哭的孩子，茫然若失地呆望着黑沉沉的夜空。

扇贝

未识凉风宝殿西，宁惊海角有遗黎。
玉筝无日尝瑶柱，金马何人赏木犀。

——《依韵和蔡天启任四明绝句三首时暂来四明便还丹阳颇不乐此后篇为四明解嘲（其三）》
（北宋）晁说之

一、物种本源

拉丁文名称，种属名

扇贝，即双壳纲珍珠贝目扇贝科物的通称，又称海扇蛤。扇贝种类繁多，我国沿海地区分布约有45种，其中最常见的有栉孔扇贝（*Chlamys farreri*）、海湾扇贝（*Argopecten irradians*）等。

形态特征

扇贝的贝壳多呈圆盘或圆扇形。壳顶前后方有耳，两耳相等或不等，多数右壳前耳下方有明显的足丝孔和细栉齿。壳面具放射肋或同心片状雕刻。闭壳肌痕明显，外套痕简单。无水管，内韧带位于壳顶下方的三角形韧带槽内。

习性，生长环境

扇贝是一种滤食性动物，它的鳃不仅是呼吸器官，也可用来摄食。摄食量夜间为最大。扇贝的饵料种类主要有浮游生物、藻类的孢子和有机碎屑等。扇贝耐干性强，保持一定湿度，在20～22℃气温下，可安全运输8～9小时。

扇贝分布于中国、朝鲜、韩国、日本等地。在中国，主要分布于北部沿海，尤以山东半岛为多。山东烟台、威海和辽宁大连、长海等地是主产地。

二、营养及成分

扇贝含有多种维生素，如维生素B_2、维生素E等；还含有多种矿物质，如钠、镁、磷、钾、钙、锰、铁等。每100克扇贝部分营养成分见下表所列。

蛋白质	11.1克
碳水化合物	2.6克
脂肪	0.6克
胆固醇	0.1克

三、食材功能

性味 味咸，性寒。

归经 归肝、胆、肾经。

功能

（1）作为海洋贝类中的一种生理活性物质，扇贝多肽正逐渐被人们所认识。扇贝多肽是一种水溶性多肽，其抗氧化功能独特，可提高免疫细胞活性，并对辐射情况下损伤的免疫细胞起到保护作用。

（2）研究发现，扇贝中的扇贝多糖具有降血糖、降血脂等多种生物活性功能。

（3）扇贝中的芦丁是一种黄酮类化合物，具有预防心血管疾病、抗病毒抗炎、保持和恢复毛细血管正常、助于糖尿病型白内障治疗等功效。

（4）扇贝中的多酚具有清除自由基、抗氧化、抗衰老、防龋齿的功效。

四、烹饪与加工

蒜蓉粉丝蒸扇贝

（1）材料：扇贝、粉丝、大蒜、小葱、食用油、海鲜酱油、芝麻油等。

（2）做法：扇贝清洗肠泥，用刷子将贝壳刷净，用小刀将内肉挖出再放回；粉丝用清水浸泡5分钟，捞出备用；大蒜剁成末备用；热锅热油，将蒜末倒入翻炒，加少量海鲜酱油，炒好盛出备用；在扇贝上加少量海鲜酱油，把粉丝放在扇贝内，然后将蒜末均匀铺在上面；蒸锅水煮沸后，将扇贝放入蒸锅，蒸5分钟后取出，撒上葱末，滴加少量芝麻油。

蒜蓉粉丝蒸扇贝

冬瓜扇贝汤

（1）材料：扇贝、冬瓜、姜、葱、鸡粉、盐等。

（2）做法：扇贝取肉，处理干净，沥干水；冬瓜切块备用；清水煮沸，放入扇贝肉、姜丝、鸡粉，中小火煲3分钟；再把冬瓜加入，煲12分钟；放盐、葱末搅匀即可。

干贝

扇贝闭壳肌的干制品，俗称干贝。干贝从其加工方法上，可分为煮干品、蒸干品和生干品。工艺流程大体为：

（1）原料→脱壳→洗涤→水煮→出晒→煮干品。

（2）原料→洗净→蒸煮→取肉→晒干→蒸干品。

（3）原料→洗净→取肉→清洗→晒干→生干品。

干　贝

五、食用注意

（1）过量进食扇贝会影响胃肠的消化功能，导致食物积聚，影响消化吸收。其富含蛋白质，多吃会引起皮疹等皮肤问题。

（2）扇贝的干制品干贝在烹调前需要使用温水浸泡涨发（不宜使用开水），或用少量清水加黄酒、姜、葱隔水蒸软后再烹制。

扇贝和老鼠

一名渔夫在海上辛苦了一整天，捕到了许多的鱼、虾和贝类。渔夫把它们统统装进篓里，带回了海边的家。回到家，鱼、虾及贝类全都被扔在地上进行分类。

一只扇贝看见自己周围的鱼、虾全部都躺在地上喘着粗气，一副奄奄一息的样子，知道自己的命运也好不到哪里去，开始着急起来："怎么办？到了这里真的只有死路一条了吗？"

当他正在绝望的时候，一只老鼠悄悄地溜了过来，扇贝顿时看到了希望，忙叫道："老鼠大哥，见到您真是太高兴了。我知道您是个好心人，不会见死不救的，今天求您帮帮忙，把我拖回海里去吧！"

老鼠听了，心想："哼，我有那么好吗？不过我可以将计就计，想办法吃一回海鲜，那壳里的肉肯定鲜美无比。"想着想着，口水都快流出来了。

主意已定，老鼠答道："好是好，可我怎么拖你呢？你得把壳张开一点儿，这样我才能衔住你。"

扇贝心想："哼，叫我张开壳，不就是想吃我的肉吗？没那么容易！可为了活命，我得冒点儿风险，我先打开一点儿试试看。"

于是，扇贝答道："好，我听你的。"

扇贝小心地张开了一半的壳，老鼠立即伸嘴去咬，扇贝迅速关上了壳，狠狠地夹住了老鼠的嘴唇。老鼠痛得"吱吱"地叫，一只猫听见了老鼠的叫声，飞快冲过去捉住了老鼠。

黄蚬

怀家亭馆相家湖，雪艇风阑近已芜。
犹有白蘋香十里，生来黄蚬蛤蜊粗。

——《鸳鸯湖棹歌之二十四》
（清）朱彝尊

一、物种本源

拉丁文名称，种属名

黄蚬，学名为中国蛤蜊（*Mactra chinensis*），为双壳纲帘蛤目蛤蜊科蛤蜊属动物，是一种经济价值很高的海产贝类。

形态特征

黄蚬贝壳呈圆三角形，壳质薄韧，两壳较膨胀。壳顶位于背部中央偏前，壳前、后端稍尖。壳面光滑，被有黄褐色壳皮。壳表的同心肋明显，愈近腹缘生长纹愈粗大，且具淡褐色放射带。壳内面白色，略带灰紫色，闭壳肌痕较大，前闭壳肌痕呈桃形，后闭壳肌痕呈卵圆形，外套窦较短。左右壳具有人字形主齿。

习性，生长环境

黄蚬主要栖息于水流畅通、饵料丰富的潮间带中、低潮区，以2~5米水深处数量为多。黄蚬的摄食方式为滤食性，以浮游植物为主要食物，对食物没有严格的选择性。黄蚬对温度、盐度的变化有较强的适应性。黄蚬在我国主要分布于长江口以北水域、福建和台湾等地。

二、营养及成分

经测定，黄蚬富含蛋白质、脂肪、碳水化合物、碘、钙、磷、铁等多种物质。每100克黄蚬部分营养成分见下表所列。

蛋白质	10.1克
碳水化合物	2.8克

脂肪	1.1克
胆固醇	186毫克
钙	133毫克
磷	128毫克

三、食材功能

性味 味咸，性寒。

归经 归胃经。

功能

（1）滋阴利水，化痰软坚。黄蚬壳有助于治疗糖尿病和宿醉后喉咙干渴；肉可清热，能改善眼部充血、月经异常、内分泌失调等症状。

（2）强化肝功能。黄蚬富含牛磺酸，因此，其具有预防心脑血管疾病的功效。牛磺酸可以排除体内多余的胆固醇，从而防止动脉硬化。

（3）慢性病辅助治疗。黄蚬含有人体所需的六大营养素，对甲状腺肿大、小便不利、糖尿病等症也有辅助疗效，是一种低热能、高蛋白食物，常作为防治中老年人慢性病的理想食品。

四、烹饪与加工

黄蚬肉炒韭菜

（1）材料：黄蚬、韭菜、盐、味精、十三香、食用油等。

（2）做法：黄蚬泡盐水吐尽沙后，放入开水中焯一下，焯熟后黄蚬会自动张开。将黄蚬肉摘出备用，韭菜切段备用。锅底放油，油热时倒入黄蚬肉翻炒几下，再将韭菜倒入锅内，继续翻炒，之后依次加入十三香、盐、味精，炒匀即可出锅。

黄蚬肉炒韭菜

白灼黄蚬

（1）材料：黄蚬、盐、葱、姜等。

（2）做法：黄蚬泡盐水吐沙。烧一锅开水，依次放入姜片、葱丝、黄蚬、盐；改中火继续煮，黄蚬开口即可关火。再配以蘸料，食用时更加鲜美。

白灼黄蚬

五、食用注意

（1）体质虚弱、营养不良、阴虚盗汗、高脂血症、冠心病、动脉硬化等病症患者以及醉酒之人适宜食用。

（2）黄蚬性寒，受凉感冒、体质阳虚、脾胃虚寒、腹泻便溏、寒性胃痛腹痛等病症患者以及女子月经来潮期间、产后，均不宜食用。

（3）贝类中的泥肠不宜食用。

蛤蜊观音

《普陀山志》和《观音慈林集》记载：唐文宗一向极喜食蛤蜊，沿海地方一些贪官污吏以进贡为借口，大肆搜刮民财。民众苦不堪言，怨声载道。

一日，御厨发现贡品中有只蛤蜊特别肥大，但使尽各种方法都无法劈开。于是将此巨蛤呈献给皇帝。

唐文宗和满朝大臣皆感讶异，有人当场以手掰之，以剑砍之，或以刀劈之……用尽力气，绞尽脑汁，皆徒劳无功，只好放弃。

说也奇怪，当文宗接过巨蛤，只用手指轻轻弹扣，那巨蛤竟然自动张开，并从蛤壳里放射出万道光彩。

文宗和大臣们仔细端详，忽然发现巨蛤当中有尊观音菩萨圣像。君臣皆同声赞叹菩萨妙相庄严、清净自在。

文宗立刻命人用金饰檀香盒将观音像收藏起来，然后向终南山恒正禅师询问其缘由。

禅师回答说："这是观音菩萨就蛤蜊伤民这件事现身说法，要陛下体察民情，爱护百姓。佛经上说，应以菩萨身得度者，即现菩萨身而为说法。今天果然印证了这段经文。"

文宗皇帝这才知道这蛤蜊是观世音菩萨显化，非常震惊。于是发誓从今以后都不吃蛤蜊了，并马上下旨不准进贡蛤蜊，令天下各寺院建观音殿，奉立观音像。

此后，东南沿海地区渔民不用再为进贡蛤蜊而烦恼，家家供奉观音像，称之为"蛤蜊观音"。

蛏子

麦叶蛏肥客可餐，楝花鲚熟子盈盘。
家家缎磨声初发，四月江村有薄寒。

——《萧皋别业竹枝词十首（其十）》（明）沈明臣

一、物种本源

拉丁文名称，种属名

蛏子，为双壳纲帘蛤目竹蛏科动物，又称“青子”或“马刀”，我国常见种有缢蛏（*Sinonovacula constricta*）、竹蛏（*Solen strictus*）等。

形态特征

蛏子有壳两扇，脆且薄，形状狭而长，呈剃刀状，有的呈扁状长方形，最长可达20厘米。蛏子有两个很发达的水管，靠着这两个水管与滩面上的海水保持联系，从入水管吸进食物和新鲜海水，从排水管排出废物和污水。蛏子的大小可以从两个小孔之间的距离推算出来，其体长为两孔距离的2.5~3倍。斧足大而活跃，能在洞穴中迅速上下移动，受惊时很快缩入洞内。蛏子的外壳呈蛋黄色，肉呈白色。

习性，生长环境

蛏子在软泥滩上挖穴生活，潜伏的深度随季节变化而不同：夏季温暖，潜伏较浅；冬季寒冷，潜伏较深。平时潜伏的深度为体长的5~6倍，最深可以达到40厘米，约为体长的10倍。以短水管摄食海水中食物颗粒。有些种类的蛏子可借水管喷水而作短距离游泳。

缢蛏，是一种较为常见的海鲜食材，在我国沿海地区多有分布，也遍及日本岛沿海等地区。它常常生活在淡水河流的入海口附近。

二、营养及成分

蛏肉的味道十分鲜美，营养丰富；其肉体肥厚细腻，爽嫩利口。每100克蛏肉部分营养成分见下表所列。

蛋白质	7.2克
碳水化合物	2.4克
脂肪	1.2克
铁	226毫克
钙	134毫克
磷	115毫克

三、食材功能

性味 味甘、咸，性微寒。

归经 归心、肾、肝经。

功能

（1）蛏有滋阴、除烦、清热之功用；对湿热水肿、痢疾具食疗辅佐之用，对妇人产后分泌乳汁亦有利。

（2）蛏外用可治项痈。

四、烹饪与加工

清炒蛏子

（1）材料：蛏子（宁小勿大，但一定要活的）、姜、葱、青椒、红椒、黄酒、糖、盐、食用油等。

（2）做法：将蛏子逐只清洗干净，并用清水养上1小时，沥干水分待用；备好姜、葱、黄酒、糖、盐等辅料。油锅烧至八成热时，放入姜片；开大火倒入蛏子稍加翻炒，再加入黄酒、盐和糖炒匀；待蛏子的壳全部打开，迅速投入切好的葱段、青椒、红椒再翻炒几下，切断火源，便可出锅装盘，浇上汤汁。

清炒蛏子

盐焗蛏子

（1）材料：蛏子、海盐、花椒、八角、茴香、干辣椒、香菜等。

（2）做法：蛏子洗净，在清水里养1小时左右，使其吐净泥沙。捞出后，用清水洗净，再用厨房纸擦干。砂锅中放入海盐、花椒、八角、茴香、干辣椒，加热炒制微泛黄，把蛏子摆在盐上，盖上锅盖，熄火焖10分钟后香菜点缀即可。

盐焗蛏子

蛏油

蛏油是加工蛏干的副产品，其味清香可口，营养丰富（含蛋白质24.9%），别有特色，可做鲜美的调味品。

方法：①将多次煮蛏后留下的蛏卤从锅内取出，放在水缸或木桶中经4小时沉淀，用纱布或尼龙筛绢过滤，除去泥沙、污物及被搅碎的贝壳。②经过滤后的蛏卤用夹层锅浓缩，直至比重有1.25~1.27时结束。③煮蛏卤时火力不宜过大，保持95℃左右，以后温度逐渐降至60℃，以免烧焦而产生苦味。④蛏卤浓缩结束之前，加入0.1%的苯甲酸钠，以延长蛏油保藏期。蛏卤经浓缩后即为蛏油，可用大缸、酒坛等容器盛装。一般50千克鲜蛏的汤汁可浓缩成1.5~1.8千克蛏油。

五、食用注意

（1）脾胃虚寒或易腹泻的人应注意不要一次食用过多。

（2）烹调时不宜加味精。

（3）蛏死后易变质，此时不应食用，以防中毒。

海神仙与长街蛏的传说

很早以前，长街一带是一片汪洋大海，海边的渔民对海里的渔业知识并不了解，只是一天到晚以捕捞为生，生活过得很贫苦。

相传，有一位海神仙路过长街，看中广阔而肥沃的海涂，甚是喜欢。渔民非常热情好客，感动了这位海神仙。于是，海神仙就在长街住了下来，天长日久，海神仙深感这里的渔民勤劳、俭朴、善良。海神仙就施恩于长街渔民，对他们说："当我死后，用席子把我裹起来，抛到海涂里去。"海神仙死后，长街渔民老实照办。

第二天潮水退了，海涂上排满了许许多多的"席卷筒"，外面包着薄薄的月牙子壳，里面一身白肉，壳子的一头露出两根管子，真像两条腿；另一头露出白白的肉，像一个舌头。渔民见到后，惊叹道："这是海神仙变的呀！"于是就把这东西叫作"圣"。后来，人们又在左边注上"虫"字，就演变为现在的"蛏"了。

花蛤

海滩沙中藏，出水花衣装。
遇热开口笑，佳肴美味汤。

——《花蛤》（现代）
陈寿谦

一、物种本源

拉丁文名称，种属名

花蛤，为双壳纲帘蛤目帘蛤科花帘蛤属动物。常见种为杂色蛤仔（*Ruditapes variegata*）和菲律宾蛤仔（*Ruditapes philippinarum*）。

形态特征

花蛤个头较小，颜色深暗，花纹变大，有黑色、棕色、深褐色、密集色或赤褐色组成的斑点或花纹。贝壳表面颜色一般为黄褐色，壳面为暗纹类，但有凹凸感，呈细密放射肋。壳内为乳白色。一般壳高2厘米多，壳宽近4厘米。

习性，生长环境

花蛤生于潮间带下数米深的浅海区，尤其是河口海域，以泥沙海底为最多。沿海均有分布，四季皆可捕捞，为居民最常用的海鲜食品之一。花蛤广泛分布在我国南北海区，福建及广东沿海产量较多。它生长迅速，养殖周期短，适应性强，离水存活时间长，是一种适于人工高密度养殖的贝类，在福建胡泉州湾、围头湾有过大量人工养殖。

二、营养及成分

花蛤肉具有极高的营养价值。经测量，花蛤含有多种矿物质和维生素。同时，外壳中还含有碳酸钙、磷酸钙、硅酸镁、碘、溴化物和其他物质。每100克花蛤部分营养成分见下表所列。

蛋白质	10克
碳水化合物	2.5克
脂肪	1.2克

三、食材功能

性味 味咸，性寒。

归经 归胃经。

功能

（1）补脾益气。

（2）降低胆固醇。科学家在花蛤肉以及贝类软体动物中发现，其营养物质可以抑制胆固醇在肝脏中合成，同时具有加快排泄胆固醇的特殊作用，最终可降低人体中的胆固醇。

四、烹饪与加工

党参花蛤汤

（1）材料：党参、花蛤、姜、黄酒、盐等。

（2）做法：党参润透后切段，生姜洗净切片。花蛤洗净后，入沸水中氽至开壳，捞出备用。把全部用料放入煲内，加清水适量，武火煮滚后，改文火煲1个小时。加入黄酒，再煲10分钟，放入盐调味即可。

葱姜炒花蛤

（1）材料：花蛤、葱、姜、红辣椒、食用油、盐等。

（2）做法：花蛤先放入盆，放水没过花蛤，放入1小勺盐，吐沙后，把花蛤洗净，待用。葱切段、姜切片、红辣椒切圈。锅内倒入2勺食用油，温热。葱段、姜片、辣椒圈倒入锅中翻炒几下，然后将花蛤倒入锅中，爆炒即可。

葱姜炒花蛤

五、食用注意

（1）有宿疾者应慎食，脾胃虚寒者不宜多吃。

（2）皮肤病患者禁食。因为花蛤中所含的蛋白质在进入人体后，可作为一种过敏原，使机体产生过敏反应，如发痒起块等，有可能使原来的皮肤病复发、加重。

（3）食用花蛤需要煮熟。除了水中带来的细菌之外，花蛤中还可能存在寄生虫卵等。花蛤耐热性较强，在沸水中煮4~5分钟才算彻底杀菌。

小花蛤学飞

相传，花蛤和蛏子是兄弟，它长长个子，细细的身，盖着两片薄壳儿，与蛏子同一长相。兄弟俩居住在浅海，吃的是海涂泥，喝的是海涂水，晒着暖和的太阳，舒服极了。谁知那年飞来一群水鸟，老是结队来啄他们当点心吃。花蛤和蛏子安逸的环境被破坏了，每天提心吊胆地过日子。

眼看家族一天天地衰败下来，花蛤发愁了。它对蛏子说："哥呀，这帮恶东西看来是不走了，我们要想想办法呢！要不学学弹涂鱼它们，打个洞，躲在里面，就不会被它们啄到了。"

蛏子说："好是好，不过自古以来没听说我们这一族能打洞的。弹涂鱼头硬尾巴尖，我们凭什么？"

花蛤说："就凭我们两片壳！试试吧。"

蛏子无奈，只得跟花蛤一起学打洞，才打了一阵，蛏子就叫起痛来。

花蛤说："我也痛，熬一熬就过去了。"于是，它们又继续打洞。潮水涨上来了，泥洞打了一半，潮水退下去了，泥洞又打了一半。一天一夜，他俩终于打了两个很深的泥洞。蛏子躲到泥洞里，长长地松了一口气。

他们在洞里待了三天三夜，憋不住了。为啥？没吃没喝，又见不到阳光，全身软疲疲的，难受极了。它们探头向洞外看看，见有只水鸟从上面飞过，便又慌忙躲回洞里去了。花蛤说："哥呀，光会打洞还不够，要想个更可靠的办法才行。"

蛏子身上的伤痛未消失，一听花蛤又要出新花样，心里不大高兴，转过头不回答。花蛤接着又说："哥呀，我想学飞。要是我们也像水鸟那样能飞，就不怕了。"

蛏子苦笑着说：“你昏头了！我们没有翅膀，怎么飞呢？别胡思乱想了。这次我无论如何不能依你。”

花蛤劝不动蛏子，就自个儿学了起来。当然，学飞谈何容易！它先练跳跃，从高处向低处跳，从低坡向高坡跃。学了没几天，摔得全身青一块紫一块的，满是伤痕。

花蛤正学得起劲，蛏子来了。他一见花蛤摔成这个样子，大吃一惊，便劝它快点停下来。花蛤却说：“要学学到底，我不能半途而废！”蛏子说不过花蛤，摇摇头，转身又钻进泥洞里去了。

花蛤的决心可强了！太阳出来了，它晒着太阳学；太阳落山了，它伴着月光学。风里学，雨里学，起早落夜，从不间断。慢慢地，花蛤的身子变得短小了，两片壳变得厚墩墩的，全身精血充足，韧带又韧又粗，富有弹性。咳，到底让它学会了！花蛤高兴极了，他飞一会歇一会、歇一会又飞一会地去找蛏子。蛏子一见很羡慕。但蛏子缺少勇气，没法学会花蛤的本领。

直到现在，蛏子只能打洞，因为它害怕水鸟，老是躲在深深的涂泥里，涂泥里见不到日光。所以它浑身青白，没有一点血色，软软的肉，薄薄的壳，经不起敌人袭击。花蛤就不同了，它血气旺盛，精力充沛，既能打洞又能飞。它经过长期的练习，掌握了“一飞一歇”的本领，能对付水鸟，在宽阔的海涂下自在生活。

河蚌

雪似琼花铺地，月如宝鉴当空。
光辉上下两相通，千古谁窥妙用。
若悟珠生蚌腹，方知非异非同。
阴阳相感有无中，恍惚已萌真种。

——《西江月·雪似琼花铺地》
（南宋）张抡

一、物种本源

拉丁文名称，种属名

河蚌为双壳纲蚌目蚌科动物的通称，在很多地方也被叫作蚌壳、歪儿。我国常见的河蚌有10余种，如褶纹冠蚌（*Cristaria plicata*）、三角帆蚌（*Hyriopsis cumingii*）等。

形态特征

河蚌壳大而扁平，壳面黑色或棕褐色，厚而坚硬，长近20厘米，后背缘向上伸出一帆状后翼，使蚌形呈三角状。后背脊有数条由结节突起组成的斜行粗肋。珍珠层厚，光泽强。铰合部发达，左壳有2枚不等大的拟主齿和2枚侧齿，右壳有2枚拟主齿和1枚侧齿。雌雄异体。河蚌后端的进水管和出水管都暴露在外，水可以流入和流出外套腔，以完成诸如进食、呼吸、排泄和代谢等过程，还能过滤细小的生物和有机颗粒。

习性，生长环境

河蚌生活在淡水湖泊以及池沼、河流等的水底部，通常情况下半埋在泥沙当中。河蚌分布于我国河北、山东、安徽、江苏、浙江、湖南等地。

二、营养及成分

蚌肉富含糖类、钙、磷、铁、维生素A、维生素B_2、维生素B_1，同时还含有碳酸钙以及各种氨基酸，诸如亮氨酸、蛋氨酸、丙氨酸、谷氨酸、天门冬氨酸等。每100克河蚌肉部分营养成分见下表所列。

蛋白质	6.8克
碳水化合物	0.8克
脂肪	0.6克

三、食材功能

性味 味甘、咸，性寒。

归经 归肝、肾经。

功能

（1）河蚌肉偏寒性，具有滋阴养肝、解渴、解毒、改善视力和清热的功效。它还是一种天然的美容产品，多吃有助于保持皮肤弹性和光泽。

（2）蚌肉含有大量氨基酸，可以增加心脏的搏动并降低肠张力。

（3）珍珠母（河蚌壳珠光层上的丘疹）具有助于镇静肝脏和治疗眩晕的作用。

四、烹饪与加工

雪菜蚌肉豆腐汤

（1）材料：河蚌、豆腐、雪菜、姜、蒜、花椒、葱、料酒、白胡椒粉、酱油、盐、食用油等。

（2）做法：取整块河蚌肉，洗净，加少许盐腌制；烧开水，放姜、花椒、料酒，蚌肉焯水去腥后切小块；起锅烧油，放入姜、蒜、花椒，煸炒出香味，加入蚌肉、雪菜、料酒和酱油，拌炒；锅中加开水，放一点白胡椒粉，大火烧

雪菜蚌肉豆腐汤

开后放入豆腐，煮5~10分钟，撒香葱段，出锅。

韭菜蚌肉

（1）材料：韭菜、蚌肉、姜、食用油、料酒、鸡精、盐等。

（2）做法：蚌肉洗净、切小块，韭菜切段，姜切丝备用。热锅下油，下姜丝、蚌肉块，加料酒去腥，翻炒；下韭菜段、鸡精翻炒，炒至韭菜熟，收汁后加入适量盐，稍翻炒起锅即可。

韭菜蚌肉

河蚌小吃

原料的选择和预处理→淀粉脱黏液→脱腥→切块→腌制→配制麻辣红油→红烧→称量包装→热烫灭菌→冷却。

五、食用注意

（1）河蚌肉性寒，脾胃虚寒、腹泻和大便稀溏者不宜食用。

（2）在烹饪之前，应先将河蚌肉中浅灰色的腮和其后面的泥清除。可使用木棍或斧头敲打河蚌，洗涤时，用细盐擦拭黏液，干净后即可烹饪。

河蚌石的传说

在潜山县天柱山的飞来峰下，有一块高大且被分成两半的石头，名曰河蚌石，据传是一个蚌壳精的化身。

传说远古时代潜山为大海时，一个蚌壳精在此兴风作浪；而潜山逐步变成陆地时，它钻进泥土中，仍蠢蠢欲动，祸害人间。东汉时期，有一个道家高人叫张道陵，人称张天师。一日，张天师见潜山上空妖雾四起，断定有妖怪作祟，遂决定为民除害。他命小徒弟沿河查访，了解详情。小徒弟雇了一个排工，撑着小竹排逆流而上。临近中午时分，小徒弟饥饿难耐，便让排工靠岸。岸边丛林中掩映着一家小客店，店主竟是一位美貌妖艳的女子，女子看到他们二人后立即上前迎接。其间，女子又百般卖弄风情，但小徒弟却不动声色，视而不见。

“小师傅神情严肃，是不是有什么事情啊?”该女子狡黠地问道。老实巴交的小徒弟一时说漏了嘴，将此行任务告诉了她。“这太平盛世的，哪有什么妖怪啊?”女子说罢，转身端出两碗热腾腾的面条来。小师傅和排工此时早已饥肠辘辘，便狼吞虎咽地吃完面条，之后继续赶路。不一会儿，他们突然觉得肚子疼痛难忍，最后昏倒在了竹排上。

张天师久等徒弟不归，心中产生了不祥的预感。他举目眺望潜河，终于发现了晕倒的徒弟和排工。张天师急忙赶到，施法将二人救醒。听完徒弟的诉说后，张天师料定那女子便是蚌壳精，于是驾起祥云来到小店。妖艳女子见张天师仙风道骨，知道对方法力高深，便打算溜之大吉。张天师眼疾手快，用云帚划了一道符咒，女子立即现出原形。他又用云帚一挥，把蚌壳精扫到了天柱山上，将其化作河蚌石，任风吹雨淋以示惩戒。

白蛤

七里涌头子蛤仔，太阳一出口俱开。
平生肝胆虽然露，狡鹘何曾逐臭来。

——《颂古十九首（其一）》
（南宋）释法全

一、物种本源

拉丁文名称，种属名

白蛤，学名为四角蛤蜊（*Mactra veneriformis*），为双壳纲真瓣腮目蛤蜊科动物，又名泥蛤、泥蚶、珠蛤。

形态特征

贝壳坚厚，大致呈四角形。两壳极膨胀。壳顶突出，位于背缘中央略靠前方，尖端向前弯。贝壳具外皮，顶部白色，幼小个体呈淡紫色，近腹缘为黄褐色，腹面边缘常有1条很窄的边缘。生长线明显粗大，形成凹凸不平的同心环纹。贝壳内面白色，铰合部宽大，左壳具有一个分叉的主齿，右壳具有两个排列成“八”字形的主齿；两壳前、后侧齿发达均呈片状，左壳单片。外韧带小，淡黄色；内韧带大，黄褐色。闭壳肌痕明显，前闭壳肌痕稍小，呈卵圆形；后闭壳肌痕稍大，近圆形，外套痕清楚，接近腹缘。

习性，生长环境

我国沿海分布极广，产量大，以辽宁、山东为最多。白蛤属广温广盐性贝类，生存适温为0~30℃，适盐范围为1.4%~3.7%。在春、秋两季采捕为宜，但繁殖期要禁捕。

二、营养及成分

经测定，白蛤含一定量的维生素A、维生素B_1、维生素B_2、维生素B_3、维生素C，还含有钙、磷、铁、硒、碘等矿物质。每100克白蛤部分营养成分见下表所列。

碳水化合物	26克
蛋白质	12.8克
灰分	2克
脂肪	0.8克

三、食材功能

性味 味甘、咸，性微寒。

归经 归胃经。

功能

（1）白蛤对食欲不振、贫血、燥热咳嗽、肺结核等症有食疗促康复之效果。

（2）白蛤肉不仅有滋阴、明目、化痰、软坚之功效，还有益精润脏的作用。

四、烹饪与加工

白蛤蒸蛋

白蛤蒸蛋

（1）材料：鸡蛋、白蛤、姜、葱、香油、酱油等。

（2）做法：姜、葱加水煮开，放入洗干净的白蛤，煮至微开备用；鸡蛋打散，取白蛤水150毫升混合；盘子抹油，放入煮开的白蛤，倒入过筛的蛋液，盖上保鲜膜；水开后放入，大火蒸10分钟至蛋液凝固；淋上酱油和香油即可。

爆炒白蛤

（1）材料：白蛤、姜、葱、香菜、红辣椒、辣椒酱、淀粉、盐、鸡精、酱油、食用油等。

（2）做法：白蛤洗净，葱、香菜洗净切段，姜切丝，红辣椒切段。酱油、辣椒酱、淀粉、鸡精、水、盐放入一个碗里搅拌均匀备用。热锅冷油，下姜丝和辣椒段爆炒出味，之后倒入白蛤翻炒片刻，然后盖上盖子中火焖煮（这样保证白蛤熟透）；2～3分钟后开盖，白蛤基本已经全部打开；再继续大火翻炒大约两分钟，因为白蛤水分较多，需收汁。倒入已经调好的酱料，翻炒大约2分钟；炒到水分稍微收干后，加入葱段和香菜段，炒出味即可出锅。

爆炒白蛤

五、食用注意

（1）脾胃虚寒者慎食白蛤。

（2）如食其汤，不要放盐和味精，以免鲜味丧失。

哈仙岛和五虎石的传说

从前，哈仙岛是个无名野岛。岛前的大海湾里住着一位修炼千年的美丽的蛤子仙。

不久，从山东来了姓张的六兄弟在岛上落了户。兄弟六个都是硬汉子，名字中都带个“虎”字。他们在此靠种地打鱼为生，天天都要挖一筐蛤子回家下饭，那鲜美可口的蛤子肉给兄弟六个添了美味，长了力气。

谁知好景不长，一年以后，这里来了个巴蛸精。巴蛸精食量惊人，不到半年，湾里就堆起了一个蛤壳山，湾里的蛤子越来越少。一天，巴蛸精更把张家一头在坡上吃草的900多斤重的大犍牛卷起来，拖到海里吃了。

当天夜里，张家兄弟六个人都做了一个相同的梦。梦见一个天仙般的姑娘向他们求救：巴蛸精要在明天晌午时在蛤子湾强娶蛤子仙做他的压寨夫人，如果她不同意，就要把她杀死祭天。蛤子仙姑娘决定明天晌午时，趁巴蛸精不备，拼个你死我活。

兄弟六个一觉醒来，都说了自己梦中所见。他们一合计，决定帮助蛤子仙大战巴蛸精。

张家兄弟准备好工具，提前来到海边，藏了起来。不到一会儿工夫，就见几个使女抬着一张八仙桌浮出水面，在桌面摆上供品和蜡烛。随着一阵鼓乐声，一个红脸大汉拖着一个天仙般的姑娘浮出海面，正要向南鞠躬，就见姑娘抽出一个尖尖的东西，朝大汉的右眼扎去。大汉惨叫一声，立刻显了原形，原来是一个奇大无比的巴蛸。只见他张开八条水桶粗的大长腿，一下子把姑娘抓了起来，张开大口，准备把姑娘吞下肚去。忽然金光一闪，那姑娘也显了原形，原来是一个碾盘大的白蛤。

正在这千钧一发之时，张家六兄弟纵身跳下水去，把巴蛸精围在中间。大虎眼疾手快，举起钢刀，“咔嚓”一声，砍掉巴蛸一条腿。二虎和三虎从背后动了刀子。四虎、五虎从斜刺里下了攮子，把巴蛸精浑身扎满了窟窿眼，痛得它抡起剩下的七条腿，把兄弟五个卷到水下，又“噢”的一声甩到了岸上。六虎趁机从水下钻出，手挺渔叉，一叉刺中了巴蛸精的左眼，一股黑色的血水汩汩地流了出来，痛得巴蛸精一甩身，吐出一口口黑水，把澄清的海湾染得漆黑一团，乘机钻入水里溜走了。

六虎刺下那一渔叉后，就不省人事了。等他苏醒过来，发现自己躺在炕上，蛤子仙跪在身边，正流着眼泪给他喂水。他问起哥哥们的安危，姑娘哭着告诉他五个哥哥不会回来了。六虎不明其意，拉起姑娘就往海边跑。到了滩头一看，五个哥哥齐刷刷地站在岸上，怒冲冲地盯着海面，一动也不动。六虎跑上去一摸，原来五个哥哥都变成了石头。六虎放声大哭，姑娘安慰六虎说，今后甘愿陪伴六虎一辈子。

从此，两个人男耕女织，打鱼摸虾，繁衍后代，成了这个岛上的先祖。后人为了纪念他们，给这个无名小岛取了个名字叫蛤仙岛，叫来叫去，叫走了字儿，叫成了哈仙岛。

人们为了纪念张家五兄弟，给海边那五个人形石取名叫五虎石。

牡蛎

出郭断虹雨，倚楼新雁天。
三杯古榕下，一笑菊花前。
入市子鱼贵，堆盘牡蛎鲜。
山僧惯蔬食，清坐莫流涎。

——《莆中遇方□□邀出城买蛎而饮一僧同行》
（南宋）戴复古

一、物种本源

拉丁文名称，种属名

牡蛎，双壳纲牡蛎目牡蛎科动物的统称，食用的牡蛎品种通常为牡蛎属（*Ostrea*）和巨牡蛎属（*Crassostrea*）物种。

形态特征

牡蛎肉合抱于两个外壳之间，其中一个外壳小而平，另一个壳则较大且隆起，壳的表面凹凸不平。牡蛎肉有多种用途，既可当餐桌上的美食享用，又能从中提取蚝油作为厨房辅料。牡蛎全身都是宝，肉、壳以及油都可提炼制药。

习性，生长环境

牡蛎是固着型贝类，除幼虫阶段在海水中有一段时间的浮游生活外，一经固着后终生不再脱离固着物。以左壳固定于外物上，只用右壳作开壳和闭壳活动，以此进行摄食、呼吸、排泄、繁殖和御敌。牡蛎有群居的生活习性，自然栖息或人工养殖的牡蛎，都由各个年龄段的个体群聚而生。牡蛎对温度适应范围较广，我国沿海近岸全年水温差别很大，但都有牡蛎的分布。牡蛎对盐度的适应范围也较广。

牡蛎主要分布在温带、热带海域，广泛分布于我国沿海大部分地区。从北部的鸭绿江到南部的海南岛，我国遍布人工养蚝区，俗称蛎塘或蚝塘。

二、营养及成分

1. 牡蛎肉

经测定，牡蛎肉中富含人体所需的多种矿物质和微量元素。从牡蛎

肉干制品中提取的牛磺酸，50.6毫克，远高于蛆、蛤、鱿鱼、海参等其他海产品。每100克干牡蛎肉部分营养成分见下表所列。

碳水化合物	8.3克
蛋白质	5.3克
脂肪	2.1克
钙	40~94毫克
硒	49毫克
锌	22.5毫克
铁	5.5~8毫克

2. 牡蛎壳

牡蛎壳组成成分为矿物质和少量有机物。矿物质主要是钙，其中碳酸钙、磷酸钙及硫酸钙含量为80%~95%，除钙之外，还含有丰富的微量元素、多种氨基酸以及少量蛋白质和色素。

三、食材功能

性味 味咸，性微寒。

归经 归肝、胆、肾经。

功能

（1）美容功效。贝壳类动物富含锌，因此市面上的高锌食品多为贝壳类动物，其中牡蛎最为常见。牡蛎能促进皮肤新陈代谢、分解褪黑素，可起到美容养颜之功效，是难得的美容产品。

（2）防治心脑血管疾病。牡蛎脂肪中不仅牛磺酸含量很高，而且脂肪酸含量也很丰富。这些物质具有多种功效，比如能有效地降低人体的胆固醇含量以及防治心脑血管疾病。

清蒸牡蛎

（1）材料：牡蛎、海鲜酱油、盐、老抽、胡椒面、蒜、葱、食用油等。

（2）做法：牡蛎放入清水中，使其吐尽泥沙，并将其外壳表面清洗干净；用刀撬开牡蛎壳，将牡蛎肉取出来，牡蛎壳清洗干净，备用；海鲜酱油、盐、老抽、胡椒面调好味汁备用；蒜切片，葱切末，备用；将牡蛎肉中的沙袋取下后清洗干净，控干水分后放在调好的味汁中腌制15分钟；之后，将腌制好的牡蛎肉放入清洗干净的壳内，上锅隔水蒸10分钟，拿出后，放入蒜片、葱末，再泼热油即可食用。

清蒸牡蛎

牡蛎平菇汤

（1）材料：牡蛎、干紫菜、平菇、姜、香油、盐、味精等。

（2）做法：将牡蛎肉洗净；干紫菜去杂质，浸泡，洗净；平茹洗净，备用。锅内烧水，水开后放入牡蛎肉过水，再捞出洗净。将牡蛎肉、紫菜及姜片一起放入煲内，加入适量清水，以大火烧滚后放入平菇煮20分钟，关火后加入香油、盐、味精调味即可。

即食牡蛎

预处理→热烫脱腥→滤干→腌制→烘干→冷却→灭菌→包装。

五、食用注意

牡蛎性微寒，体虚而多寒者忌服，生癞疮者慎食，胃虚寒或有慢性肠胃炎者不宜多食。

牡蛎精的传说

大连市北部有个轴承之都——瓦房店市。早先叫复县，古时叫复州。瓦房店城西30千米处有座古城，叫复州城。古时候，它是复州州治的所在地。城西8千米处有座300多米高的骆驼山。红沿河（清朝称红崖河）就发源于骆驼山的前坡，流向西南方，经驼山乡、红沿河镇的18个村庄，注入大海，全长10千米。龙河发源于骆驼山的北坡，流向西北方，也有10千米长。

关于红沿河有这样一个传说，古时候，复州一带有海，有岛，有陆地。那时，骆驼山不过是个大礁石，上边住着一个颇有正义感的牡蛎精。当时辽东半岛上有两条龙治水，一条红龙，一条青龙。红龙的心眼好，青龙则凶恶狠毒，他俩因治水方略不同而常常打架。

这一天，红龙见天下大旱，口含龙珠，准备去下雨。青龙知道了不让红龙去，说："下雨可以！老百姓得向咱们贡献两对童男童女，否则没门！"于是，两条龙先是争吵，后来动手打起来了。那仗打得昏天暗地，乌云翻滚。红龙与青龙在天空中交替显现，龙珠都快掉下来了。其中，红龙伤得尤其严重，它满身是血，龙角也被撞歪了。青龙在天上开始倒退，看来是准备撞龙头了。眼看红龙要吃大亏了，牡蛎精再也看不下去了，于是他使出浑身解数，来个旱地拔葱，带着礁石，直冲云霄，正中青龙的龙头。青龙瞬间被打死了，龙头飞向西北，落在海里，变成老古岛，龙身变成龙河。而红龙也因体力不支倒下了，他的龙头落在西南方的海里，变成温坨子。红龙的身子满是血迹，落在岩石上，染红了这一带的岩石，变成了一条小河。人们为了纪念红龙，将这条小河命名为红沿河。红龙的龙珠掉在骆驼山的北坡，入地，化作一个泉眼，日夜不停，哗哗流淌，仿佛在向人们讲述古老美丽的传说。

虽说青龙被打败了，但牡蛎精也使出了平生所有法力，因此牺牲了，变成了一座骆驼山。如果读者想看看牡蛎精的家，上至骆驼山顶，还能看到岩石上的牡蛎壳呢。

梅蛤

一夜潮回葭船弦，梅蛤白蟹不论钱。
祀过周七娘娘庙，海塘青虾带雨鲜。

——《海港竹枝词》（清）石弘

一、物种本源

拉丁文名称，种属名

梅蛤，学名为彩虹明樱蛤（*Moerella iridescens*），又名海蛔、薄壳、海瓜子等，是双壳纲贻贝目樱蛤科中的一员。

形态特征

梅蛤贝壳小，略呈三角形，壳长为17～24毫米，壳宽为6～8毫米，壳高略大于壳宽，为9～12毫米。壳薄而透明。壳顶位于近前端背侧，至最前端的距离约为铰合部的1/4。腹缘直，中部微向内凹，足丝孔不明显。后缘圆形。两壳极膨胀，生长线及放射肋均细而均匀。壳表面为黄褐色或绿褐色，自壳顶至后缘有棕色或紫褐色放射纹及波状花纹。有时壳顶的壳皮剥落，露出白色壳质。壳内面灰白色，具珍珠光泽。外套痕及闭壳肌痕均不明显。铰合部有一排细密的齿状突起。足丝褐色，极细软。

习性，生长环境

梅蛤生活于盐度较高的外湾或岛屿的滩涂中，群聚生活，常以足丝固定在泥沙上生活，也用足丝彼此相连，不易被水流冲走。

梅蛤广泛分布于中国南北沿海的滩涂上，北自辽宁，南至北部湾，东至福建东南部，西至广东省陆丰市之间的海域内。

二、营养及成分

据测定，梅蛤含一定量的维生素A、维生素E、维生素B_1、维生素B_2，以及多种氨基酸和人体必需的微量元素，其中硒的含量高出其他软体动物很多。每100克梅蛤部分营养成分见下表所列。

蛋白质	8.9克
脂肪	1.9克
灰分	1.8克
碳水化合物	0.8克

三、食材功能

性味 味咸、甘，性略寒。

归经 归脾、肾经。

功能

（1）梅蛤平肝潜阳，补肾益精，对腰膝酸软、头目眩晕、吐酸、心悸、耳鸣、吐血、衄血等症有食疗促康复的功能。

（2）梅蛤中含一些特殊的化学物质，对胆固醇在人体肝脏内的合成具有有效的抑制作用，对胆固醇的降解排泄具有一定的促进功能，进而能帮助人体降低胆固醇含量。

四、烹饪与加工

葱姜梅蛤

（1）材料：梅蛤、姜、葱、料酒、酱油、盐、鸡精、食用油等。

（2）做法：梅蛤吐沙洗净备用。锅中倒食用油烧热，下入切好的葱、姜炝锅；下入已清洗的梅蛤，加适量的料酒；翻炒一下，加适量的酱油、盐、鸡精；翻炒至梅

葱姜梅蛤

蛤开口；最后点缀，即成。

豉香梅蛤

（1）材料：梅蛤、姜、葱、豆豉酱、料酒、酱油、盐、食用油等。

（2）做法：梅蛤吐沙洗净备用。锅中倒食用油烧热，下入姜片炝锅；下入已洗净的梅蛤，加适量的料酒；加入少量清水，翻炒至梅蛤开口后，倒入酱油、盐、豆豉酱；调味翻炒均匀，放入切好的葱段，即可。

豉香梅蛤

五、食用注意

（1）营养缺乏、气血有亏、寒性胃痛、消化不佳、贫血和体质较虚者慎食。

（2）患有肝炎、伤寒、痢疾脱水等疾病，以及发热患者不宜食用。

蛤壳妙治咳嗽

传说宋徽宗赵佶的宠妃患病咳嗽不止，太医们用药几天，病未见轻，反而加重。宋徽宗大怒，令他们必须在三天内治好宠妃的咳嗽，否则格杀勿论。太医们惶惶不可终日，其中一位在家里坐卧不安，忽然听到门外有叫卖声：“家传单方，包治咳嗽，一文一帖，无效退钱。”

太医有所不信，但回头想想，现在已经没有办法了，不妨试一下。他就出门买了几帖，赶到宫中给宠妃服用，不料宠妃的咳嗽病竟然当日即愈。宋徽宗闻讯后龙颜大悦，当即赏银百两。

太医回家后想弄清是何良方，就差人去街上寻找那个卖药的小贩，并以百两银子相赠。小贩大喜，就把药方告诉了他。原来那包治咳嗽的药竟是单味海蛤壳，放在火上煅过，磨成粉末而成。这正是俗话所说的“一味单方，气死名医”。当然，咳嗽的病因复杂，还需中医辨证施治，此例能迅速治愈，必是因为用药对症。以药测症，宠妃所患之咳嗽，当属虚火犯肺之症。

我国历史悠久、地域辽阔、人口众多，在漫长的岁月中，各地民众积累了丰富的用药经验。这些经验，往往是个人的用药心得，不一定是文献所载，但代代相传，为大众的健康做出了巨大的贡献。

参考文献

[1] 王佳佳，蒋业林，王芬，等. 白玉蜗牛的生物学特性及养殖模式［J］. 安徽农学通报，2020，26（11）：83-84.

[2] 韩飞. 食物是人类认知世界最好的通道——《见味人间》第一季的观看之道［N］. 中国艺术报，2020-05-11.

[3] 覃冬杰，陈荣珍，卢艺，等. 超高效液相色谱-串联质谱法测定柳州螺蛳粉中米酵菌酸［J］. 食品安全质量检测学报，2020，11（13）：4273-4278.

[4] 陈慧. 螺蛳粉火起来靠什么［N］. 第一财经日报，2020-05-07.

[5] 国家中医药管理局《中华本草》编委会. 中华本草［M］. 上海：上海科学技术出版社，1999.

[6] 余新威，王婕妤，方力. 浙江省沿海棒锥螺中有机氯农药的含量及分布现状［J］. 中国卫生检验杂志，2013，23（13）：2739-2741.

[7] 秦晓静. 玉黍螺对割除防治互花米草的增效作用［D］. 福州：福建农林大学，2013.

[8] 李帅鹏，晁珊珊，高仕林. 我国鲍鱼养殖产业现状与对策［J］. 江西水产科技，2019（6）：44-46.

[9] 卢芸，姚瑶，汤纯，等. 鲍鱼内脏鲜味酱制作工艺优化［J］. 中国调味品，2019，44（6）：119-123.

［10］ 张素萍，张福绥．中国近海荔枝螺属的研究（腹足纲：骨螺科）［J］．海洋科学，2005（8）：75-83．

［11］ 许传堂，任勇，张泗光，等．脉红螺暂养技术［J］．科学养鱼，2018（6）：51．

［12］ 徐姣楠，周文江，于瑞海．提高脉红螺室内人工育苗成功主要技术措施［J］．科学养鱼，2017（6）：49-50．

［13］ 吴文广．莱州湾泥螺（*Bullacta exarata*）生理、生态学特性及生态风险评价［D］．上海：上海海洋大学，2013．

［14］ 卫生报馆编辑部．中药大辞典［M］．上海：上海交通大学出版社，2018．

［15］ 王寒．螺中香妃——香螺［J］．杭州（周刊），2019（13）：48-49．

［16］ 东海所"瓜螺人工繁育"获得成功［J］．海洋与渔业，2014（9）：16．

［17］ 瓜螺人工繁育获得成功［J］．天津水产，2014（1）：26．

［18］ 慕康庆，唐明芝，连大军．东黄海鱿鱼资源及其利用现状［J］．海洋渔业，2003，25（2）：82，103．

［19］ 彭宪宇，马传栋，纪佳馨，等．海洋生物水下粘附机理及仿生研究［J］．摩擦学学报：1-28．

［20］ 付雪媛，钟宏，宋文山，等．章鱼内脏鱼油的提取及品质分析［J］．中国油脂，2020，45（5）：17-22．

［21］ 李佳．温度和盐度对菲律宾蛤仔（*Ruditapes philippinarum*）热休克蛋白家族基因表达的影响［D］．大连：大连海洋大学，2016．

［22］ 龚曾豪，于春光，金艳霞，等．传统海洋中药淡菜高效液相（HPLC）指纹图谱研究［J］．农村经济与科技，2018，29（11）：79-82．

［23］ 郭旭光．补虚养肾食淡菜［N］．中国中医药报，2013-03-18．

［24］ 郭晓亮．中韩两国魁蚶生理代谢和生长特性比较研究［D］．上海：上海海洋大学，2016．

［25］ 唐柳青，王其翔，刘洪军，等．小黑山岛海域刺参、魁蚶和紫贻贝生境适宜性分析［J］．生态学报，2017，37（2）：668-682．

［26］ 韩鹏，王勤，陈清西．河蚬软体部分营养成分分析及评价［J］．厦门大学学报（自然科学版），2007（1）：115-117．

［27］ 冯克亮．浅谈双壳软体动物作为水域重金属富集指示生物的应用［J］．交通环保，1991（1）：41-43．

[28] 黄慧，张德钧，詹舒越，等. 干贝水分检测的建模及分级方法 [J]. 光谱学与光谱分析，2019，39（1）：185-192.

[29] 徐丹萍，过雯婷，郑振霄，等. 干贝的营养评价与关键风味成分分析 [J]. 中国食品学报，2016，16（12）：218-226.

[30] 左明. 黄河三角洲滩涂四角蛤蜊底播增殖技术 [J]. 水产养殖，2020，41（4）：53，55.

[31] 鲍成伟，段兰，宋孟华. 一种蛤蜊分级除杂装置的设计 [J]. 食品与机械，2020，36（1）：126-130.

[32] 孙秋颖，张付云，李伟，等. 缢蛏的营养及活性成分研究进展 [J]. 食品研究与开发，2011，32（12）：201-204.

[33] 王婷，刘玉洪. 赣榆建成江苏最大缢蛏养殖区 [J]. 江苏农村经济，1999（8）：45.

[34] 吴杨平，陈爱华，张雨，等. 大竹蛏养殖及生长模型研究 [J]. 江苏农业科学，2019，47（3）：135-137.

[35] 刘景景，张静宜. 我国水产品进口贸易形势与战略布局 [J]. 中国水产，2018（9）：26-33.

[36] 张斌，孙兰萍，胡海燕，等. 基于模糊数学和响应面法的超高压嫩化河蚌肉的感官评价 [J]. 食品与发酵工业，2017，43（6）：157-162.

[37] 徐兆刚，董周永，徐敏，等. 响应面优化酶法制备河蚌蛋白抗氧化肽 [J]. 中国食品学报，2017，17（3）：120-126.

[38] 温嫱. 菲律宾蛤仔与壳色相关 microRNA 的发掘和初步验证 [D]. 大连：大连海洋大学，2019.

[39] 杨韵，徐波. 牡蛎的化学成分及其生物活性研究进展 [J]. 中国现代中药，2015，17（12）：1345-1349.

[40] 方磊，冯晓文，秦修远，等. 牡蛎肽特性及抗过敏和低致敏活性研究 [J]. 饮料工业，2020，23（3）：29-34.

[41] 陈寿宏. 中华食材 [M]. 合肥：合肥工业大学出版社，2016：1042-1097.

[42] 张洁，孙绍永，马国臣，等. 海水池塘多品种生态混养技术试验 [J]. 河北渔业，2020（5）：16-20.

图书在版编目（CIP）数据

中华传统食材丛书.软体动物卷/陈迎春，陈寿宏主编.—合肥：合肥工业大学出版社，2022.8

ISBN 978-7-5650-5323-8

Ⅰ.①中…　Ⅱ.①陈…　②陈…　Ⅲ.①烹饪—原料—介绍—中国　Ⅳ.①TS972.111

中国版本图书馆CIP数据核字（2022）第157762号

中华传统食材丛书·软体动物卷

ZHONGHUA CHUANTONG SHICAI CONGSHU RUANTI DONGWU JUAN

陈迎春　陈寿宏　主编

项目负责人　王　磊　陆向军

责任编辑　毛　羽

责任印制　程玉平　张　芹

出　　版　合肥工业大学出版社

地　　址　（230009）合肥市屯溪路193号

网　　址　www.hfutpress.com.cn

电　　话　基础与职业教育出版中心：0551-62903120
营销与储运管理中心：0551-62903198

开　　本　710毫米×1010毫米　1/16

印　　张　11　**字　数**　153千字

版　　次　2022年8月第1版

印　　次　2022年8月第1次印刷

印　　刷　安徽联众印刷有限公司

发　　行　全国新华书店

书　　号　ISBN 978-7-5650-5323-8

定　　价　97.00元

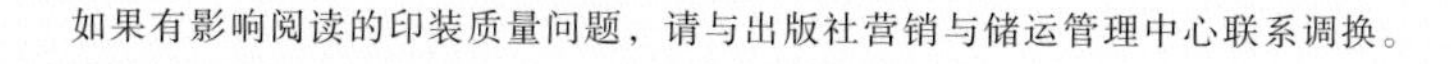